Jeden Tag besser

Mathematik

Test- und Übungsheft

7. Klasse

Cornelsen
SCRIPTOR

Lernplan von ______________________

Prozent- und Zinsrechnung	Bearbeitet am	☹ 😐 ☺	↺ ✓
Anteile und Prozente 4		☺	
Prozentsatz 6		☺	
Prozentwert 8		☺	
Grundwert 10		☺	
Diagramme 12		☺	
Sachaufgaben 14		☺	
Zinsen 16		☺	
Zuordnungen	**Bearbeitet am**	☹ 😐 ☺	↺ ✓
Zuordnungen 18		☺	
Proportionale Zuordnung 20		☺	
Dreisatz 22		☺	
Graphen 24		☺	
Umgekehrt proportionale Zuordnung 26		☺	
Dreisatz 28		☺	
Sachaufgaben 38		☺	

Anteile und Prozente

Die Angaben 1 %, 10 %, 30 % heißen Prozentsätze. Sie können als Bruch mit dem Nenner 100 und als Dezimalbruch geschrieben werden.

$1\,\% = \frac{1}{100} = 0{,}01$

1 **Gib den Anteil der gefärbten Flächen in Prozent an.**

a)
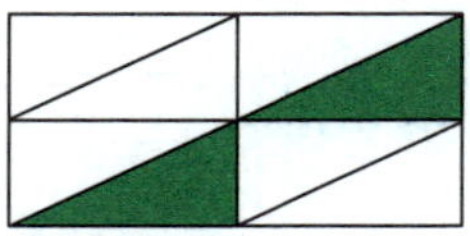
_____ %

b)

_____ %

c)
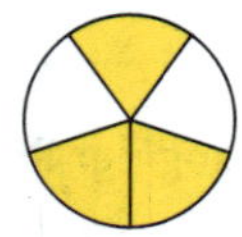
_____ %

d)

_____ %

e)

_____ %

f)
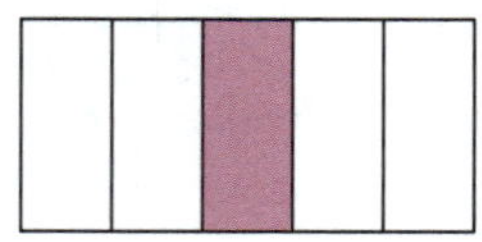
_____ %

6

2 **Schreibe den Dezimalbruch als Hundertstelbruch und gib ihn in Prozent an.**

a) $0{,}13 = \frac{}{100} =$ _____ % $0{,}1 =$ _____ $0{,}20 =$ _____

b) $0{,}09 =$ _____ $0{,}01 =$ _____ $0{,}77 =$ _____

c) $0{,}375 = \frac{37{,}5}{100} =$ _____ $0{,}764 =$ _____ $0{,}034 =$ _____

9

3 **Verwandle zuerst in einen Bruch mit dem Nenner 100, dann in einen Dezimalbruch und gib an, wie viel Prozent das sind.**

Beispiel: $\frac{7}{10} = \frac{70}{100} = 0{,}7 = 70\,\%$ $\frac{13}{20} =$ _____ $\frac{17}{25} =$ _____

$\frac{3}{4} =$ _____ $\frac{1}{5} =$ _____ $\frac{36}{300} =$ _____

5

4 **Schreibe als Bruch und kürze.**

a) 10 % = _____   60 % = _____   25 % = _____

b) 20 % = _____   75 % = _____   12,5 % = _____

6

5 **Deniz und Syndi üben beim Tennistraining den Aufschlag. Die erreichten Treffer haben sie notiert. Deniz behauptet, dass er besser war. Stimmt das? Berechne die Treffer für Syndi in Prozent und trage sie in die Tabelle ein.**

	Deniz	Syndi
Versuche	80	64
Treffer	56	48
Anteile in Prozent	70 %	

Rechnung: Treffer für Deniz: Treffer für Syndi: ____________

$\frac{56}{80} = \frac{7}{10} = \frac{70}{100} = 70\,\%$ ____________

Antwort: ____________ 2

6 **Gib die folgenden Anteile als Bruch und in Prozentschreibweise an.**

Das Ganze	**60**	**24**	**36**	**100**	**16**	**40**
Der Teil	30	6	27	70	4	4
Der Anteil	$\frac{30}{60}$					
Prozent	50 %					

5

7 **Was bedeuten diese häufig auftretenden Prozentangaben?**

75 % vom Ganzen bedeutet dasselbe wie ____________ vom Ganzen.

50 % vom Ganzen bedeutet dasselbe wie ____________ vom Ganzen.

25 % vom Ganzen bedeutet dasselbe wie ____________ vom Ganzen.

20 % vom Ganzen bedeutet dasselbe wie ____________ vom Ganzen.

10 % vom Ganzen bedeutet dasselbe wie ____________ vom Ganzen.

$33\frac{1}{3}$ % vom Ganzen bedeutet dasselbe wie ____________ vom Ganzen.

1 % vom Ganzen bedeutet dasselbe wie ____________ vom Ganzen. 7

40–31 Punkte 30–21 Punkte 20–0 Punkte Gesamtpunktzahl

Prozentsatz

Von 300 Schüler sind 240 Fahrschüler, das sind 240 : 300 = 0,8 = 80 %

↓ Grundwert G ↓ Prozentwert W ↓ Prozentsatz p %

1 Suche aus den folgenden Angaben jeweils den Grundwert G und den Prozentwert W und fülle die Tabelle aus.

a) In der Klasse 7a haben von 30 Schülern 12 die Note 3 in der letzten Mathematikarbeit geschrieben.

b) In der Klasse 7b sind 32 Schüler. Hier haben 10 Schüler die Note 3 geschrieben.

c) In der Klasse 7c sind es 8 Schüler, die von insgesamt 28 Schülern die Note 3 geschrieben haben.

Klasse	Gesamtzahl G	Anzahl mit Note 3 W	Anteil W : G	Prozentsatz p %
7a				
7b				
7c				

3

2 Berechne den Prozentsatz im Kopf.

a) 15 von 100 = ______ b) 44 von 200 = ______ c) 21 von 200 = ______

d) 55 von 250 = ______ e) 4,5 von 5 = ______ f) 15 von 75 = ______

6

3 Berechne auf zwei Stellen nach dem Komma und gib den Prozentsatz an.

a) 68 m von 522 m = ______ = ______ %

b) 77 kg von 102 kg = ______ = ______ %

c) 5 cm von 17 cm = ______ = ______ %

Verwende diese Formel:
p % = W : G

3

4 **Ein Liter Dieselkraftstoff kostete vor zwei Tagen 138 ct. Jetzt kostet er 4 ct mehr. Gib die Preiserhöhung in Prozent an.**

G = ________ W = ________ p % ≈ ____________________ 1

5 **Von 340 Schülern nahmen 76 an einem Chemie-Wettbewerb teil.**

a) Berechne die Anteile in Prozent.

G = ________ W = ________ p % ≈ ____________________

b) Wie viel Prozent der Schüler nahmen nicht teil? ____________________ 2

6 **Frau Reich verdient monatlich 3500 €. Davon braucht sie insgesamt 3172 € für ihren Lebensunterhalt. Darin enthalten ist die Miete von 954,50 €.**

a) Wie viel Prozent des Gehalts braucht sie für ihren Lebensunterhalt?

G = ________ W = ________ p % = ____________________

b) Wie viel Prozent von 1925 € entfallen auf die Miete?

G = ________ W = ________ p % = ____________________

c) Gib an, wie viel Prozent die Miete vom Gehalt ausmacht.

G = ________ W = ________ p % = ____________________

d) Fasse die Ergebnisse in einer Antwort zusammen.

____

____

____ 4

19–15 Punkte | 14–10 Punkte | 9–0 Punkte | Gesamtpunktzahl

Prozentwert

1 Rechne im Kopf.

a) 10 % von 320 = ______ 1 % von 500 = ______ 50 % von 17 = ______

b) 25 % von 180 = ______ 5 % von 40 = ______ 7 % von 400 = ______ | 6

2 Zwei Klassen 7 haben bei einem Schulfest zusammen 810 € eingenommen. Sie haben beschlossen, 70 % des Geldes zu spenden. Berechne den Spendenbetrag mit dem Dreisatz.

Schreibe so:

100 % sind 810 €

1 % sind $\frac{810}{100}$ €

70 % sind $\frac{810 \cdot 70}{100}$ € = ______ €

Und so:

Prozent	Spende
100 %	810 €
1 %	
70 %	

Antwort: ______________________ | 4

3 Ein Getränk hat einen Fruchtanteil von 40 %. Wie viel ml Fruchtanteil sind jeweils in 1 l enthalten? (1 l = 1000 ml) Berechne mit dem Dreisatz. Schreibe wie in Aufgabe 2.

Antwort: ______________________ | 4

4 **Mario hat im Laufe des Tages 120 g Roggenbrot, 15 g Wurst, 25 g Butter, 100 g Rindfleisch, 60 g Ei und 15 g Walnüsse verzehrt. Überprüfe, wie viel Fett Mario zu sich genommen hat.**

	Fett
1 % von ______ g Brot	______ g
41 % von ______ g Wurst	______ g
______ von ______ g Butter	______ g
______ von ______ g Rindfleisch	______ g
______ von ______ g Ei	______ g
______ von ______ g Walnüsse	______ g

Fettgehalt einiger Lebensmittel:	
Brot	1 %
Butter	80 %
Wurst	41 %
Ei	10 %
Rindfleisch	19 %
Walnuss	63 %

Summe: ______ g

Antwort: ____ [ ] 6

5 **Der Ohrenarzt stellt fest: „35 % der 180 untersuchten Jugendlichen waren schwerhörig“. Bestimme die Anzahl der Jugendlichen mit Gehörschäden.**

a) Berechne in der Tabelle.

b) Veranschauliche in einem Streifendiagramm. (100 % = 5 cm)

Antwort: ____ [ ] 4

[ ] 24 – 19 Punkte | 18 – 13 Punkte | 12 – 0 Punkte | [ ] Gesamtpunktzahl

Grundwert

1 **Rechne im Kopf. Wie viel sind 100 %?**

a) 10 % sind 60 € ______ 20 % sind 45 kg ______ 25 % sind 12 cm ______

b) 1 % sind 5,6 m ______ 75 % sind 300 € ______ 50 % sind 36 g ______

[ ] 6

2 **Berechne.**

Prozentwert	Prozentsatz	Grundwert
10,8	*24 % = 0,24*	*10,8 : 0,24 = 45*
34,64	8 % =	
108	27 % =	
4,36	4 % =	

[ ] 3

3 **Maria wirft jeden Monat 5 % ihres Taschengeldes in ihr Sparschwein. Das sind 2,50 € im Monat.**

Wie viel Taschengeld bekommt sie im Monat?

W = ______ p % = ______ G = ?

Fülle die Tabelle aus.

	Prozentsatz		
	5 %		
: 5	1 %		______
· 100			______

Antwort: ______________________________

[ ] 3

4 **Eine Fahrradkontrolle ergab, dass von den überprüften Rädern 234 Räder erhebliche Mängel aufwiesen. Das waren 12 % der kontrollierten Räder. Wie viele Räder wurden überprüft?**

a) Berechne mit dem Dreisatz.

b) Mit der Formel $G = W \cdot \frac{100}{p}$

G = ____________________

Antwort: ____________________ 3

5 **Berechne den Neuwert der angebotenen Modelle.**

Modell	Neupreis	Angebotspreis
Sprinter		306 €
Super		612 €
Radler		189 €

3

6 **In der Winterzeit wirbt Fahrrad-Jahn mit folgendem Angebot: „Wir geben für ein City-Bike 15 % Rabatt. Sie sparen beim Kauf 132 €.“**

a) Wie viel kostete das Rad ursprünglich?
b) Wie viel soll es jetzt kosten?

a) W = ______ p = ______ $G = W \cdot \frac{100}{p} =$ ____________________

Antwort: ____________________

b) Rechnung: ____________________

Antwort: ____________________ 3

21–17 Punkte 16–12 Punkte 11–0 Punkte Gesamtpunktzahl

Diagramme

1 **Wie viel Prozent der Kreisfläche sind gefärbt?**

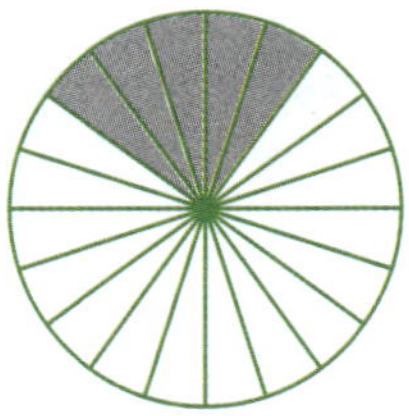

______

Färbe 65 % des Rechtecks.

3

2 **Die Kosten für einen Klassenausflug betragen 250 € pro Person. Sie setzen sich aus 95 € für Übernachtungen, 72,50 € für die Busfahrt und 82,50 € für Verpflegung zusammen. Berechne die prozentualen Anteile und stelle sie in einem Streifendiagramm dar.**

	Anteile in %
95	
72,50	
82,50	

4

3 **Was die Bundesbürger trinken. Pro-Kopf-Verbrauch: durchschnittlich 600 l jährlich.**

a) Wie viel Prozent davon sind:

78 l Milch: ______ %

156 l alkoholische Getränke: ______ %

204 l Kaffee/Tee: ______ %

162 l Säfte: ______ %

b) Stelle die Prozentverteilung in einem Streifendiagramm dar:

7

4 **Protokoll zur Fahrzeugzählung:**
Kreuzung: Augustaplatz Zeit: 14.30 bis 15.30 Uhr

		Anzahl	**Prozent**
PKW	卌 卌 卌 卌 卌 卌 卌 卌 卌 卌 卌 卌 卌 卌 卌 卌 卌 卌 |||		≈
LKW	卌 卌 卌 卌 卌 卌 卌 卌 |||		≈
Kräder	卌 卌 卌 卌 卌 卌 卌 卌		≈
Fahrräder	卌 卌 卌 卌 ||		≈
	Summe:		

a) Wie viel Prozent aller Fahrzeuge entfallen auf die jeweilige Fahrzeugart? Runde auf ganze Prozent.

b) Stelle die Prozentverteilung für die einzelnen Fahrzeuge in dem Kreisdiagramm dar.

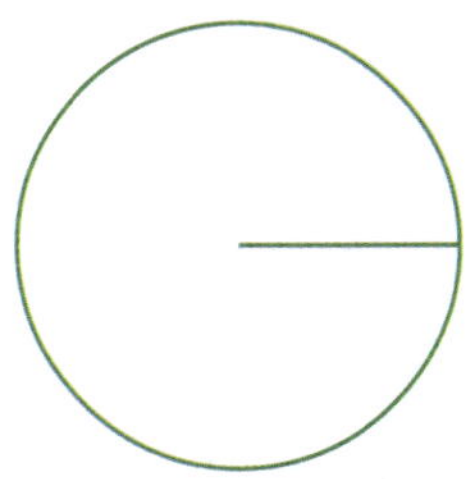

Hinweis: 10 % entsprechen einem Mittelpunktswinkel von 36°.

5

5 **Die Waldfläche in Deutschland beträgt etwa 10 400 000 ha.**

a) Wie viele ha des Waldes sind noch nicht geschädigt?

b) Wie viele ha entfallen auf die einzelnen Schadstufen?

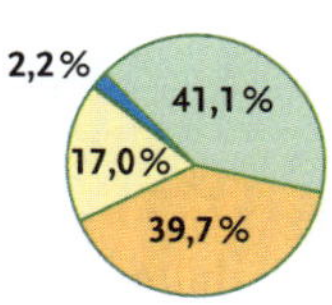

Nicht geschädigt **Stufe 1** **Stufe 2** **Stufe 3**

a) $W =$ .... ha b) $W_{\text{Stufe 1}} =$ .... ha

$W_{\text{Stufe 2}} =$ .... ha $W_{\text{Stufe 3}} =$ .... ha

4

23–19 Punkte 18–13 Punkte 12–0 Punkte Gesamtpunktzahl

Sachaufgaben

1 **Bei der Wahl zum Klassensprecher ergaben sich für das 7. Schuljahr die folgenden Ergebnisse.**

7a: Robert bekam 24 von 32 Stimmen = ________ %

7b: Christian bekam 20 von 25 Stimmen = ________ %

7c: Grit bekam 21 von 30 Stimmen = ________ %

3

2 **Bei einer Geschwindigkeitskontrolle hatten von 240 kontrollierten Fahrzeugen 84 die zulässige Höchstgeschwindigkeit überschritten. Wie viel Prozent der kontrollierten Fahrzeuge waren das?**

a) Rechne mit dem Dreisatz.

____

____

____

b) Rechne mit der Formel.

____

____

Antwort: ________________

3

3 **a) Um wie viel Prozent ist das rote Lineal länger als das blaue Lineal?**
b) Um wie viel Prozent ist das blaue Lineal kürzer als das rote Lineal?
Rechne mit der Formel.

a) ________________

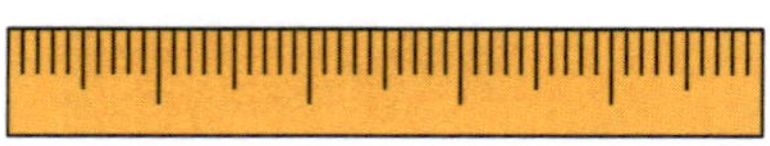

um ________ % länger

b) ________________

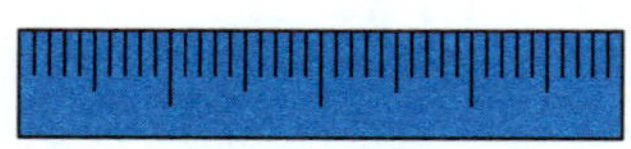

um ________ % kürzer

2

4 **Rolf will ein Moped für 920 € kaufen. Der Händler bietet ihm bei Barzahlung einen Rabatt von 3 %. Was müsste er dann bezahlen?**

W = ________________

Der Rabatt beträgt ________________ €.

Rolf müsste ________________ € bezahlen.

2

5 **Während der Schulzeit gibt es 75 Ferientage und 176 Schultage pro Jahr.**

a) Wie viel Prozent sind das sind das jeweils?

Rechnung: ______________________________

b) Stelle das Ergebnis in einem Streifendiagramm dar.

2

6 **Trage das Ergebnis der Aufgabe A in das mit A gekennzeichnete Kästchen ein. Notiere ebenso die anderen Ergebnisse. Die Summe der 3 Ergebnisse auf jeder Geraden muss 100 ergeben.**

Aufgabe	G	P%	W
A	24		1,56
B	312,5	4	
C		70	56,70
D		32	3,68
E	11 000		264
F		30	24,6
G	200	0,7	
H	207,5	8	

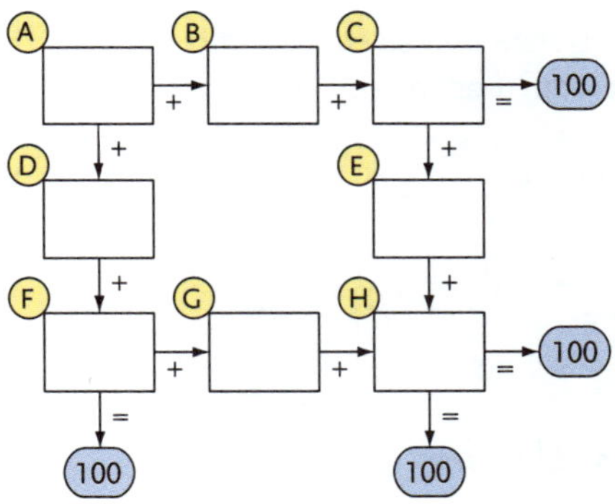

$p\% = \frac{W}{G}$ $W = G \cdot \frac{p}{100} = G \cdot p\%$

$G = W \cdot \frac{100}{p} = \frac{W}{p}\%$

9

7 **Der Februar hat 28 Tage. An 7 Tagen schneite es. Wie viel Prozent waren das?**

Rechnung: ______________________________

Antwort: ______________________________

2

23–19 Punkte 18–13 Punkte 12–0 Punkte Gesamtpunktzahl

Zinsen

Zinsen kannst du mithilfe der Prozentrechnung berechnen.

1 Ordne die Begriffe „Zinsen", „Kapital" und „Zinssatz" richtig zu.

Die Bank zahlt 5 % Zinsen ab 1500 €

Prozentrechnung	Zinsrechnung
Grundwert →	1500 €
Prozentwert →	= ?
Prozentsatz →	5 %

3

2 Herr Sportlich zahlt beim Kauf seines Sportwagens 34380 € an. Für den Rest des Kaufpreises nimmt er einen Kredit über 14000 € zu einem Zinssatz von 8,4 % auf. Nach einem Jahr hat er den Kredit zurückgezahlt.

a) Wie viele Zinsen muss er für ein Jahr zahlen? Rechne mit dem Dreisatz.

100 % sind 34380 €

1 % sind 343,80 €

8,4 % sind ______ €

b) Wie viel kostet ihn das Auto tatsächlich?

Kaufpreis: ______ €

Zinsen: ______ €

Gesamt: ______ €

Schlussfolgerung: ______

______

3

3 Wie groß ist das Kapital eines Unternehmers, wenn er 7500 € Jahreszinsen erhält und die Bank 5 % Zinsen zahlt?

p % = ______ Z = ______ K = Z : p %

Setze die Werte in die Formel ein K = ______ = ______

Antwort: ______

2

4 **a) Wie hängen die Zinsen bei gleichem Zinssatz vom Kapital ab?**

Kapital	Zinssatz	Zinsen
1500 €	3,5 %	
2000 €	3,5 %	
3000 €	3,5 %	
4000 €	3,5 %	

Bei doppeltem **Kapital** sind die

Zinsen ________ so hoch.

Bei dreifachem Kapital sind die

Zinsen ________ so hoch.

b) Wie hängen die Zinsen bei gleichem Kapital vom Zinssatz ab?

Kapital	Zinssatz	Zinsen
1200 €	2 %	
1200 €	4 %	
1200 €	6 %	
1200 €	8 %	

Bei doppeltem **Zinssatz** sind die

Zinsen ________ so hoch.

Bei dreifachem Zinssatz sind die

Zinsen ________ so hoch.

8

5 **Frau Sparsam und Herr Reich haben einen Teil ihrer Ersparnisse in Sparbriefen angelegt.**

Frau Sparsam
*
SCHATZBRIEF
*
über
9250 €
7,25 % Zinsen

a) Wer von beiden bekommt nach einem Jahr mehr Zinsen ausgezahlt?

b) Wie hoch ist der Gesamtbetrag, den jeder beim Verkauf des Sparbriefes nach einem Jahr erhält?

Herr Reich
*
SCHATZBRIEF
*
über
12000 €
5,4 % Zinsen

Zinsen: ________________ €

Gesamtbetrag: ________________ €

Zinsen: ________________ €

Gesamtbetrag: ________________ €

4

20–16 Punkte

15–11 Punkte

10–0 Punkte

Gesamtpunktzahl

Zuordnungen

Eine Zuordnung weist jedem Wert aus einem Bereich (1. Größe) einen Wert aus einem anderen Bereich (2. Größe) zu.

1 **Werte die Anzahl der Regentage in Neapel aus.**

Monat	M	A	M	J	J	A	S	O	N	D
Regentage	10	8	6	5	2	2	7	8	8	10

a) Wann regnet es am meisten, wann am wenigsten?

b) Zeichne die Zuordnung in ein Säulendiagramm und schreibe in die Säulen die Abkürzungen für die Monate.

Hinweis: Die 1. Größe wird auf der x-Achse, die 2. Größe auf der y-Achse abgetragen.

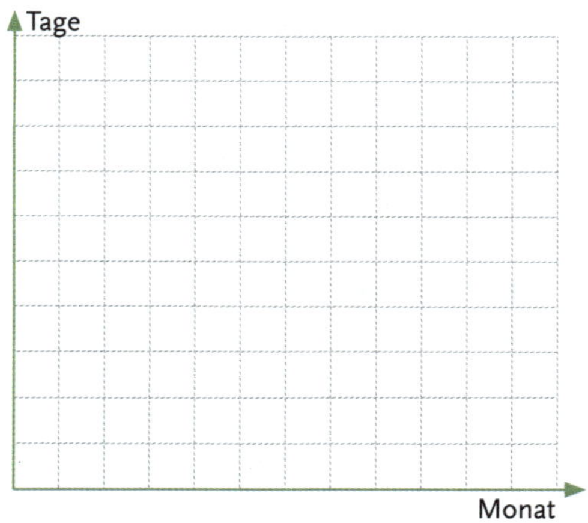

3

2 **Die Post ordnet dem Gewicht eines Briefes ein Porto zu. Fülle die Tabelle aus.**

	Gewicht in g	Porto in €
Standardbrief	bis 20 g	0,55
Kompaktbrief	bis 50 g	0,90
Großbrief	bis 500 g	1,45
Maxibrief	bis 1 kg	2,20

Gewicht in g	40	80	160	200	600
Porto in €					

5

3 Das Koordinatensystem „berichtet" über eine Radtour.

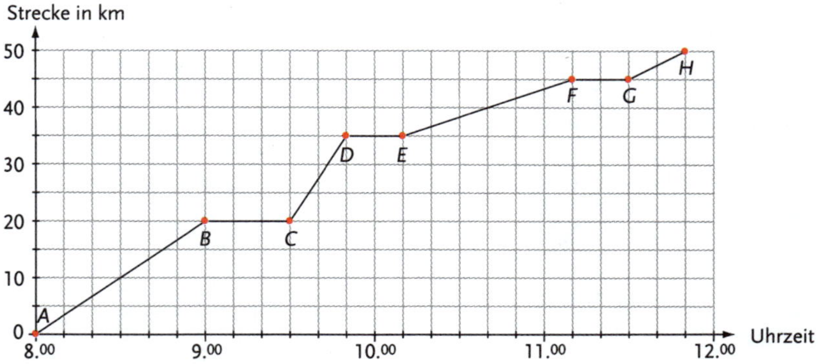

a) Wie lang war die Strecke $\overline{AH}$ = ________ km

Wie lang dauerte die Tour? ____ h ____ min

b) Wann wurden Pausen gemacht und wie lange dauerten diese?

1. Pause: ______ Uhr 2. Pause: ______ Uhr 3. Pause: ______ Uhr

Dauer: ______ min Dauer: ______ min Dauer: ______ min

c) Auf welchem Streckenabschnitt wurde

am langsamsten gefahren? ________________________________

am schnellsten gefahren? ________________________________

d) Wie viel Zeit wurde für folgende Strecken benötigt?

$\overline{AB}$: ______ min $\overline{CD}$: ______ min $\overline{GH}$: ______ min 4

e) Ergänze die Tabelle.

Uhrzeit	**8.00**	**9.00**	**9.50**	**10.40**	**11.10**	**11.50**
Strecke in km	0					

2

14–11 Punkte 10–7 Punkte 6–0 Punkte Gesamtpunktzahl

Proportionale Zuordnung

1 **Was versteht man unter einer proportionalen Zuordnung?**

.... 1

2 **In der Tabelle ist eine proportionale Zuordnung dargestellt.**

a) Ergänze die fehlenden Werte. Veranschauliche, wie im Beispiel vorgegeben, durch Pfeile und Rechenzeichen.

· 2

Benzin in Liter	4	8	12	15		30
Preis in €	5,68		17,04	21,30	28,40	

· 2

4

b) Was gilt für den Preis, wenn die Anzahl der Liter verdoppelt, verdreifacht wird?

.... 1

3 **Berechne die fehlenden Werte für die proportionale Zuordnung.**

a) Anzahl → Preis

: 2

Anzahl Flaschen	4	2	12	15
Preis in €	19,20			

: 2

3

b) Gewicht → Preis

1 kg	2 kg	3 kg	4 kg	5 kg
1,20 €				

c) Volumen → Gewicht

1 cm^2	2 cm^2	3 cm^2	4 cm^2	5 cm^2
0,23 g				

2

4 **Ein Flieger verliert im Landeanflug 10 m an Höhe und überfliegt dabei 200 m Landebahn.**

Vervollständige die Tabelle.

a) Welche Strecke überfliegt er insgesamt, wenn er sich in 60 m Höhe befindet?

Antwort: ....

b) Berechne für jedes Wertepaar das Gleitverhältnis, indem du die Höhe durch die Bodenstrecke dividierst. Was fällt dir auf?
(Hinweis: Das Gleitverhältnis beschreibt die Gleiteigenschaft eines Flugzeugtyps.)

Antwort: ....

Höhe in m	10	20	30	40	50	60
Bodenstrecke in m	200					
Gleitverhältnis						

5

Hinweis: Bei einer proportionalen Zuordnung sind die Quotienten der einander zugeordneten Werte gleich.

5 **Ergänze die Tabelle mithilfe der Quotientengleichheit.**

Anzahl	1	12		22		30	
Preis in €	0,2		3,4		5,6		6,8
Quotient							

6

22–17 Punkte 16–12 Punkte 11–0 Punkte Gesamtpunktzahl

Dreisatz

1 Im Supermarkt kosten 6 Bio-Eier 1,38 €. Wie viel kosten 4 Eier? Ergänze.

6 Eier kosten	___	€				
1 Ei kostet	___	:	___	=	___	€
4 Eier kosten	___	·	___	=	___	€

Antwort: ______________________________ 2

2 Zwei Liter Öl werden zum Preis von 14,80 € angeboten.

a) Für einen Ölwechsel benötigt Herr Schnittich 3,5 l Öl. Wie viel muss er dafür bezahlen?

2 Liter kosten	___	€				
1 Liter kostet	___	:	___	=	___	€
3,5 Liter kosten	___	·	___	=	___	€

Antwort: ______________________________ 2

b) Herr Sportlich benötigt für seinen Sportwagen 4,3 l „Öl-Extra“, das zum Preis von 33,90 € für 3 l angeboten wird. Wie viel muss er zahlen?

____

______________________________ = ____________

______________________________ = ____________

Antwort: ______________________________ 2

3 **Ein Wasserhahn tropft. In 2 Tagen werden dadurch 24,8 l Wasser vergeudet. Wie hoch ist der Wasserverlust in einer Woche?**

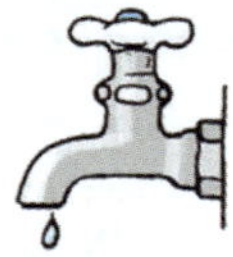

____

______________________________ = __________

______________________________ = __________

Antwort: ______________________________ 2

4 **Berechne die Grundstückspreise für die Grundstücke der Größen II und III.**

Aus dem Lageplan kannst du alle notwendigen Angaben entnehmen. Der Preis pro m² ist bei allen Grundstücken gleich.

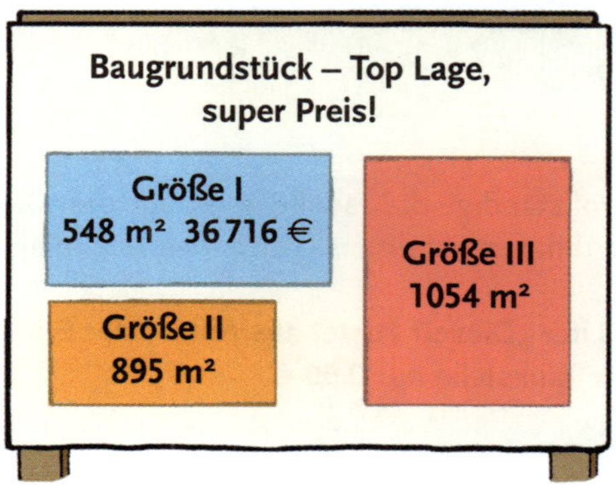

a) Größe II: ______________________________ €

______________________________ = __________ €

Antwort: ______________________________ 2

b) Größe III: ______________________________ €

______________________________ = __________ €

Antwort: ______________________________ 2

Graphen

1 **Paul kauft 3 T-Shirts, Horst 2, Familie Groß 5, die Klasse 7c 9 und die Klasse 7d 12.**

Anzahl	Preis in €
2	
3	
5	
9	
12	

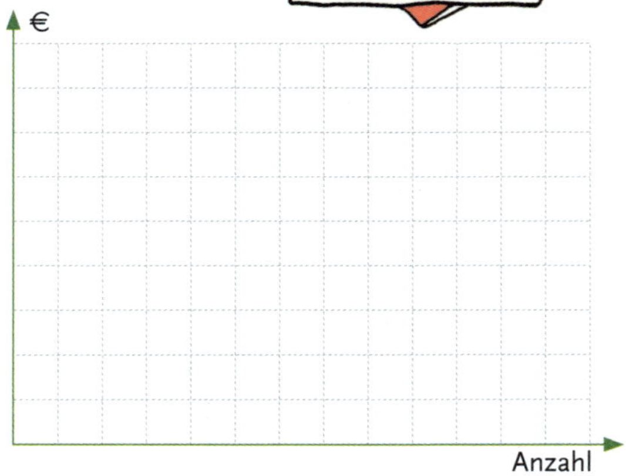

Vervollständige die Tabelle und trage die Wertepaare als Punkte in das Koordinatensystem ein. Verbinde die Punkte.

4

2 **Ein Liter „Diesel" kostet aus Anlass der Eröffnung einer Tankstelle nur 0,90 €.**

Menge in l	5	10	15	20	25
Preis in €					

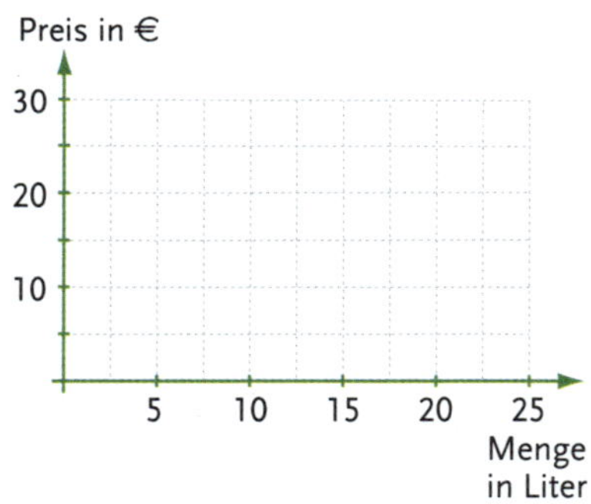

a) Vervollständige die Tabelle.

4

b) Trage die Wertepaare in das Koordinatensystem ein und verbinde die Punkte mit einer geraden Linie.

c) Lies aus der Darstellung ab:

12 l kosten ______________ € Für 23 € bekommt man ______________ l

18 l kosten ______________ € Für 27 € bekommt man ______________ l

2

3 **Zeichne einen Graphen für folgende Zuordnung und lies die fehlenden Werte aus dem Diagramm ab.**

V in Liter	2	6		1			12
Preis in €	1		5		2,50	4,50	6

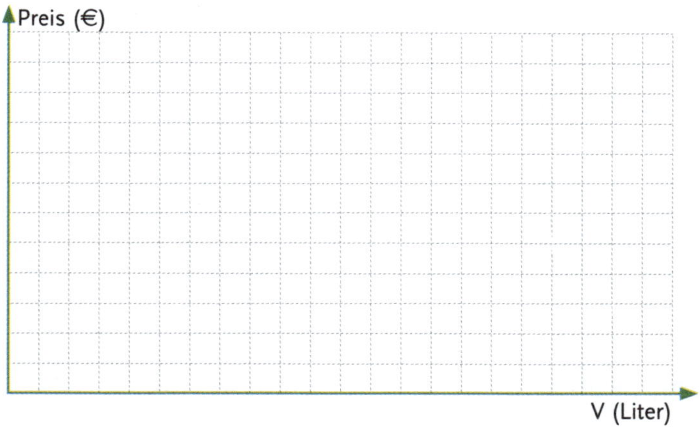

6

4 **Was kosten die Kirschen? Lies die Preise aus dem Diagramm ab.**

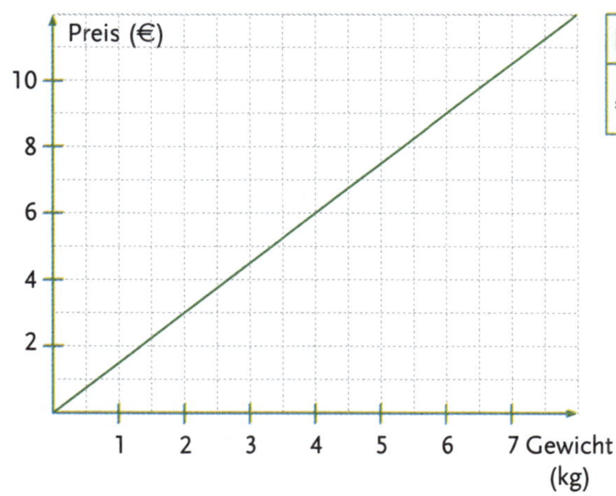

kg	0,5	2	3	4,5	6	7
€						

3

19–15 Punkte

14–10 Punkte

9–0 Punkte

Gesamtpunktzahl

Umgekehrt proportionale Zuordnungen

1 **Wann liegt eine umgekehrt proportionale Zuordnung vor? Begründe.**

____

____ 1

2 **In der Tabelle ist eine umgekehrt proportionale Zuordnung dargestellt.**

a) Ergänze die fehlenden Werte. Veranschauliche, wie im Beispiel gezeigt, durch Pfeile und Rechenzeichen.

(Beispiel: 2 → 4: · 2; 15 → : 2)

Anzahl Personen	2	4		12		30
Zeit in h	15		3,75		1,5	

b) Was gilt für die Anzahl der Personen, wenn sich die Zeit halbiert?

____ 6

3 **Berechne die fehlenden Werte. Veranschauliche, wie im Beispiel gezeigt, durch Pfeile und Rechenzeichen.**

a)

(Beispiel: 120 → 40: : 3; 3 → : · 2)

Geschwindigkeit in km/h	120	40	1	240
Zeit in h	3			

2

b)

4	10	1	20	5
30				

5	1	2	8	20
230				

4

4 **a) Trage in die Tabelle die Seitenlängen a und b für verschiedene Rechtecke ein, die den Flächeninhalt A = 30 m² haben.**

a (m)	b (m)	A (m^2)
2	15	30

6

b) Übertrage die Wertepaare für a und b in das Koordinatensystem. Verbinde die Punkte zu einer Kurve. 2

c) Lies aus der Darstellung die zugehörigen Werte ab.

a = ______ b = 7,5 m Prüfe: A = ______ m · 7,5 m = ______ m²

a = 12 m b = ______ Prüfe: A = 12 m · ______ m = ______ m² 2

Hinweis: Bei einer umgekehrt proportionalen Zuordnung sind die Produkte der einander zugeordneten Werte gleich.

5 **Ergänze die Tabelle mithilfe der Produktgleichheit.**

Anzahl	2	5		15			40
Summe in €	450		112,5		37,5	36	
Produkt							

6

29–23 Punkte 22–15 Punkte 14–0 Punkte Gesamtpunktzahl

1 **Fließen durch das Löschrohr einer Feuerwehr 450 l Wasser pro Minute, so ist der Großtankwagen nach 12,5 min leer.**
Berechne die Löschzeit, wenn 500 l Wasser pro Minute ausströmen.
Ergänze.

a) Bei 450 l ist er nach 12,5 min leer

Bei 1 l ist er nach [12,5] min · [ ] = [ ] min leer.

Bei 500 l ist er nach [ ] min : [ ] = [ ] min leer.

Antwort: ______ [ ] 3

Wenn du, ohne den 2. Schritt auszurechnen, alles zum Schluss auf einen Bruchstrich schreibst, rechnest du vorteilhafter. Du kannst dann kürzen:

b) Bei 1 l ist er nach 12,5 · 450 min leer.

Bei 500 l ist er nach $\frac{12{,}5 \cdot 450}{500}$ = ______ = ______ = ______ [ ] 2

2 **Die Fährüberfahrt nach Dänemark dauert bei einer Geschwindigkeit von 20 km/h genau 55 Minuten.**
Welche Fahrzeit wird bei einer Geschwindigkeit von 28 km/h benötigt? Ergänze.

Für 20 km/h benötigte Zeit: 55 min

Für 1 km/h benötigte Zeit ______ · ______ min

Für ______ km/h benötigte Zeit $\frac{[\ ]\ [\ ]}{[\ ]}$ = ______ min

Antwort: ______ [ ] 3

Lösungen

★ **Aufgaben mit höherem Schwierigkeitsgrad**

Seite 4–5

❶ a) 25 % b) 75 % c) 60 % d) 50 % e) 100 % f) 20 %

❷ a) 13 %, 10 %, 20 % b) 9 %, 1 %, 77 % c) 37,5 %, 76,4 %, 3,4 %

❸ 65 %, 68 %, 75 %, 20 %, 12 %

❹ a) $\frac{1}{10}, \frac{3}{5}, \frac{1}{4}$ b) $\frac{1}{5}, \frac{3}{4}, \frac{1}{8}$

❺ Syndi: 75 %

❻ $\frac{6}{24} = 25\,\%$, $\frac{27}{36} = 75\,\%$, $\frac{70}{100} = 70\,\%$, $\frac{4}{16} = 25\,\%$, $\frac{4}{40} = 10\,\%$

❼ – wie drei Viertel, – wie die Hälfte,
– wie ein Viertel,
– wie ein Fünftel, – wie ein Zehntel,
– wie ein Drittel, – wie ein Hundertstel.

Seite 6–7

❶ ★

Klasse	G	W	Anteil	Prozent
7a	30	12	0,4	40 %
7 b	32	10	0,31	31 %
7 c	28	8	0,29	29 %

❷ a) 15 % b) 22 % c)10,5 % d) 22 % e) 90 % f) 20 %

❸ a) 13 % b) 75 % c) 29 %

❹ ≈ 3 % ❺ a) ≈ 22 % b) ≈ 78 %

❻★ a) 91 % b) 30 % c) 27 %

Seite 8–9

❶ a) 32, 5, 8,5 b) 45, 2, 28

❷ 567 €

❸ 400 ml

❹ ★

1 % von	120 g	Roggenbrot	1,20 g
80 % von	25 g	Butter	20,00 g
41 % von	15 g	Wurst	6,15 g
10 % von	60 g	Ei	6,00 g
19 % von	100 g	Rindfleisch	19,00 g
63 % von	15 g	Walnuss	9,45 g
		Summe:	61,80 g

❺ 63 Jugendliche

Seite 10–11

❶ a) 600 €, 225 kg, 48 cm
b) 560 m, 400 €, 72g

❷

W	P%	G
34,64	8 % = 0,08	433
108	27 % = 0,27	400
4,36	4 % = 0,04	109

❸ 5 % – 2,5 %
1 % – 2,50 € : 5 = 0,5 €
100 % – 0,5 € · 100 = 50 €

❹ 1950

❺ 510 €, 1020 €, 315 €

❻★ a) 880 € b) 748 €

Seite 12–13

❶ 25 %

$32\frac{1}{2}$ Kästchen

❷ 38 %, 29 %, 33 %

38 %	33 %	29 %

Lösungen

3 Milch: 13 %, Kaffee / Tee: 34 %, alkoholische Getränke: 26 %, Säfte: 27 %

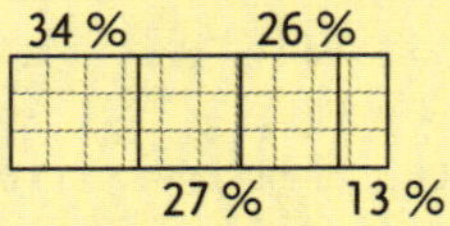

4 ★

	Anzahl	Prozent
PKW	93	≈ 47
LKW	43	≈ 22
Kräder	40	≈ 20
Fahrräder	22	≈ 11
Summe	198	100

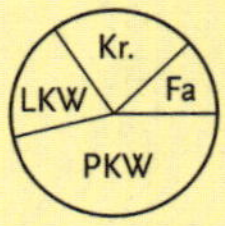

5 ★ a) 4274400 ha b) Stufe 1: 4128800 ha, Stufe 2: 1768000 ha, Stufe 3: 228800 ha

Seite 14 – 15

1 Robert: 75 %, Christian: 80 %, Grit: 70 %

2 35 %

3 a) um 25 % länger b) um 20 % kürzer

4 Rabatt: 27,60 €, zu zahlen: 892,40 €

5 Ferien: 30 %, Schultage: 70 %

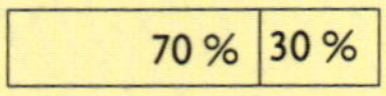

6 ★ A: 6,5 B: 12,5 C: 81 D: 11,5 E: 2,4 F: 82 G: 1,4 H: 16,6

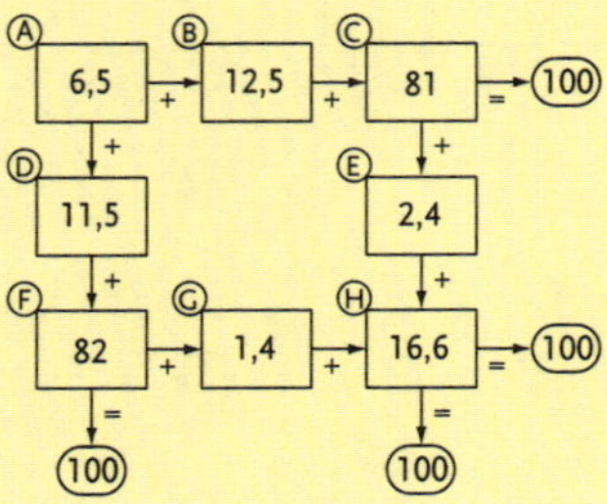

7 25 %

Seite 16 – 17

1 Grundwert → Kapital,
Prozentwert → Zinsen
Prozentsatz → Zinssatz

2 a) 100 % = 14000 €; 1 % = 140 €;
8,4 % Zinsen = 1176 €
b) Kaufpreis = 48380 €;
Zinsen = 1176 €;
gesamt: 49556 €
Schlussfolgerung: Wird eine Anschaffung auf Kredit gekauft, ist der Gesamtpreis höher.

3 Kapital: 150000 €

4 a) 52,50 € 70 € 105 € 140 €
Bei doppeltem Kapital sind die Zinsen doppelt so hoch.

b) 24 € 48 € 72 € 96 €
Bei doppeltem Zinssatz sind die Zinsen doppelt so hoch, bei dreifachem Zinssatz sind sie dreifach so hoch.

5

Frau Sparsam:	Herr Reich
Zinsen: 670,63 €	Zinsen: 648,00 €
Gesamt: 9920,63 €	Gesamt: 12648,00 €

Frau Sparsam bekommt mehr Zinsen.

Seite 18 – 19

1 a) Im März und Dezember regnet es am meisten, im Juli und August am wenigsten.

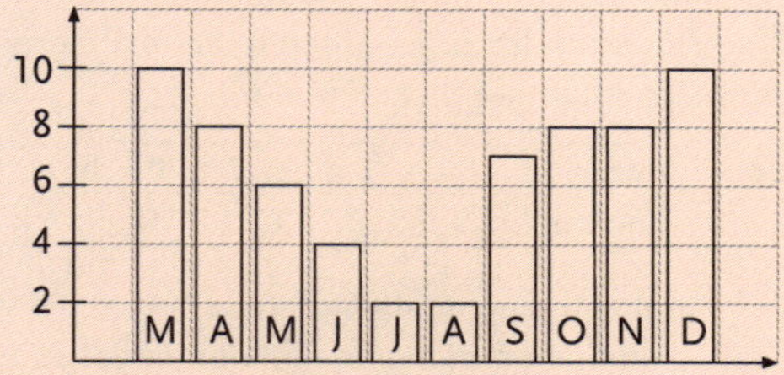

2

Gewicht in g	40	80	160	200	600
Porto in €	0,90	1,45	1,45	1,45	2,20

3 ★ a) $\overline{AH}$ = 50 km, 3 h und 50 min

b) 1. Pause: 9 Uhr Dauer: 30 min
2. Pause: 9.50 Uhr Dauer: 20 min
3. Pause: 11.10 Uhr Dauer: 20 min

c) Am langsamsten auf der Strecke $\overline{EF}$. Der Anstieg von $\overline{EF}$ ist am geringsten. Am schnellsten auf der Strecke $\overline{CD}$. Der Anstieg von $\overline{CD}$ ist am größten.

d) $\overline{AB}$ 1 h, $\overline{CD}$: 20 min, $\overline{GH}$: 20 min

e)

Zeit	8.00	9.00	9.50	10.40	11.10	11.50
km	0	20	35	40	45	50

Seite 20 – 21

1 Die einander zugeordneten Werte ändern sich im selben Maß.

2 a)

l	4	8	12	15	20	30
€	5,68	11,36	17,04	21,30	28,40	42,60

b) Wenn die Literzahl verdoppelt/verdreifacht wird, verdoppelt/verdreifacht sich der Preis.

3 a)

Anzahl	4	2	12	55
€	19,20	9,60	57,60	72

b)

1 kg	2 kg	3 kg	4 kg	5 kg
1,20 €	2,40 €	3,60 €	4,80 €	6 €

c)

1 cm^2	2 cm^2	3 cm^2	4 cm^2	5 cm^2
0,23 g	0,46 g	0,69 g	0,92 g	1,15 g

4

Höhe in m	10	20	30	40	50	60
Strecke in m	200	400	600	800	1000	1200
Gleitverhältnis	$\frac{1}{20}$	$\frac{1}{20}$	$\frac{1}{20}$	$\frac{1}{20}$	$\frac{1}{20}$	$\frac{1}{20}$

a) Er überfliegt eine Strecke von 1200 m

b) Das Gleitverhältnis ist für alle Wertepaare $\frac{1}{20}$

5 ★

Anzahl	1	12	17	22	28	30	34
Preis in €	0,20	2,40	3,40	4,40	5,60	6	6,80
Quotient	5	5	5	5	5	5	5

Seite 22 – 23

1 6 Eier → 1,38 €

1 Ei → 1,38 € : 6 = 0,23 €

4 Eier → 0,23 € · 4 = 0,92 €

2 a) Herr Schnittich zahlt 25,90 €.

b) Herr Sportlich 48,59 €.

3 Der Wasserverlust beträgt 86,8 l.

Lösungen

4 ★ a) Größe II:

548 m² → 36716 €
1 m² → 36716 € : 548 = 67 €
895 m² → 67 € · 895 = 59965 €

b) Größe III: 67 € · 1054 = 70618 €

Seite 24 – 25

1

Anzahl	2	3	5	9	12
Preis (€)	6	9	15	27	36

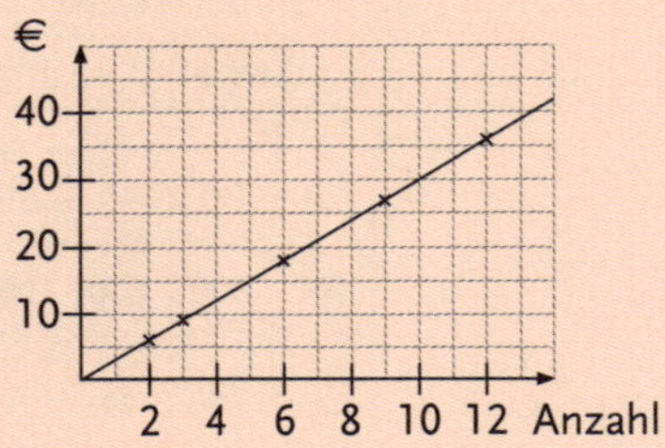

2 ★ a)

Menge (l)	5	10	15	20	25
Preise (€)	4,50	9	13,50	18	22,50

b)

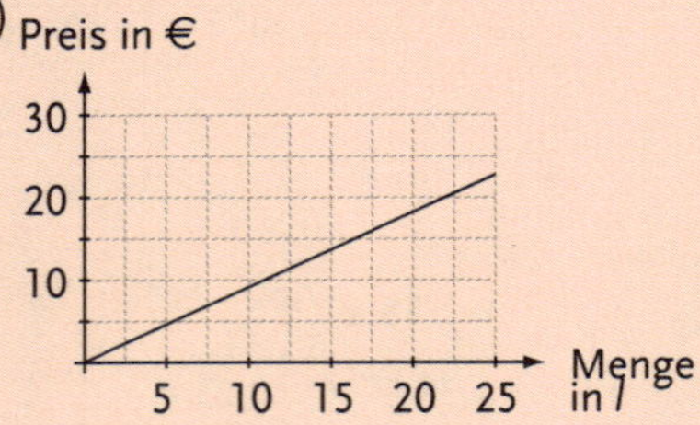

c) 12 l kosten 10,80 €,
18 l kosten 16,20 €.
Für 23 € bekommst du ca. 25,6 l.
Für 27 € bekommst du genau 30 l.

3

V (l)	2	6	10	1	5	9	12
Preis (€)	1	3	5	0,50	2,50	4,50	6

4

kg	0,5	2	3	4,5	6	7
€	0,75	3	4,50	6,75	9	10,5

Seite 26 – 27

1 Die einander zugeordneten Werte ändern sich in umgekehrtem Maße.

2 a)

Anzahl	2	4	8	12	20	30
Stunden	15	7,5	3,75	2,5	1,5	1

b) Wenn die Zeit halbiert wird, verdoppelt sich die Anzahl der Personen.

3

a)

Geschw. in km/h	120	40	1	240
Zeit in h	3	9	360	1,5

b)

4	10	1	20	5
30	12	120	6	24

b)

5	1	2	8	20
230	1150	575	143,75	57,5

4 ★ a)

a (cm)	b (cm)	A (cm²)
2	15	30
3	10	30
5	6	30
6	5	30
10	3	30
15	2	30

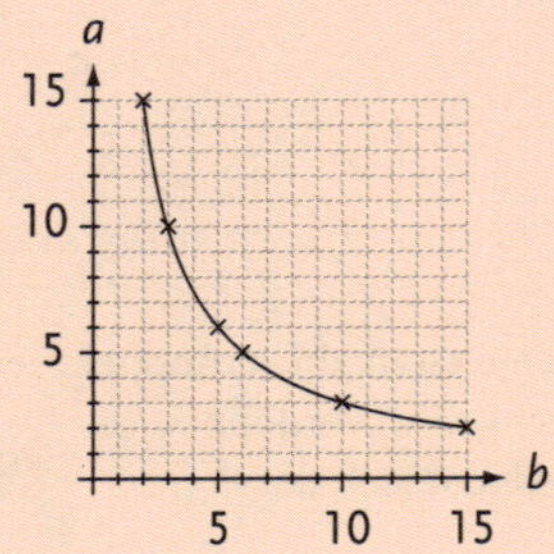

c) a = 4 cm b = 7,5 cm A = 30 m^2

a = 12 cm b = 2,5 cm A = 30 m^2

5

2	5	8	15	24	25	40
450	180	112,5	60	37,5	36	22,5
900	900	900	900	900	900	900

Seite 28; 37

1 a)

450 l in 12,5 min.
1 l in 12,5 min. · 450 = 5625 min.
500 l in 5625 min. : 500 = 11,25 min.

b) 500 l in $12{,}5 \cdot \frac{450}{500} = 12{,}5 \cdot \frac{9}{10}$
$= 11{,}25$ min

2 39,29 min

3★ a) Airbus A 300 6,6 h
b) Concorde ≈ 2,58 h

4 12 Tage

Seite 38 – 39

1 a) 20 Stunden b) Ja

2 2 Stunden **3** 88,40 €

4 a) 1,41 € b) 40,59 l Diesel

5★ a)

Anzahl	30	50	15	80
Gewicht in kg	2	1,2	4	0,75

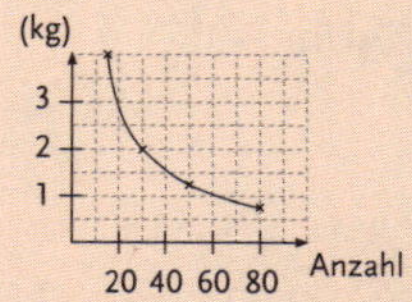

b)

Stückzahl	4	3	9	12
Preis €	4,80	3,60	10,80	14,40

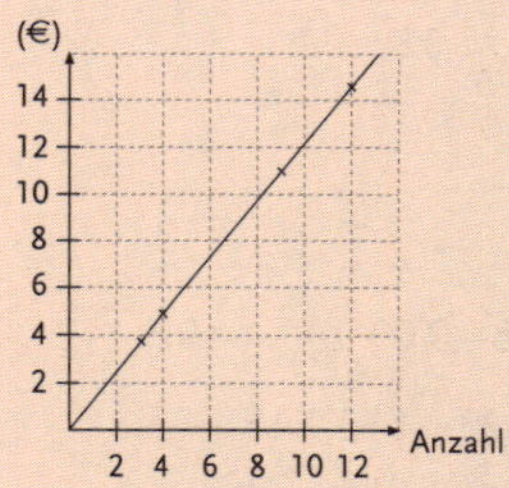

Seite 40 – 41

1

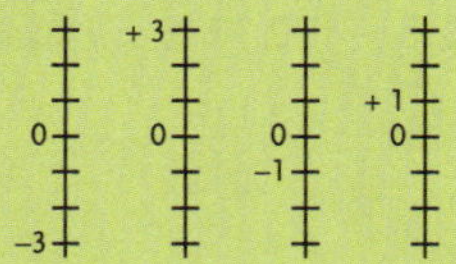

2 a) A = –2,5 B = –1,75 C = –1 D = 0,75
E = 2

b)

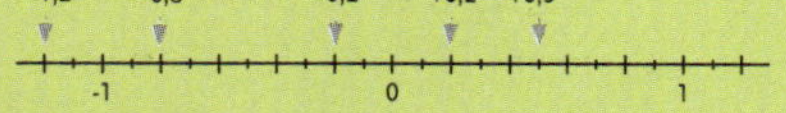

3 a) –7 b) + 4,5 c) + 10
d) 0 e) –35 f) –7,5

4 a) > b) > c) < d) < e) < f) > g) < h) >

5 a) > b) > c) <

6 a) –540 < –504 < –450 < –405 < –54,6 <
–54 < –54 < –45 < 45
b) –9,78 < –8,76 < –8,67 < –7,89 <
–7,86 < –7,68 < –6,87 < –6,78

7 B(3|5) C(8|1) D(–10|–4) E(5|–6)
F(–10|5) G(12|–3)

8

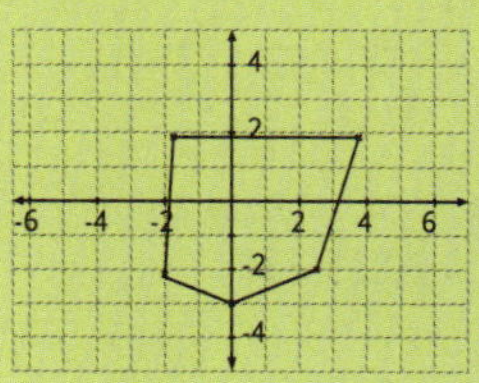

Lösungen

Seite 42–43

❶ −113 € ❷ +1998 €

❸ Neuer Kontostand: a) −309 €
b) +8200 € c) 1502 €
d) −219,50 €

❹ 12 Uhr: +2°C 22 Uhr: −9°C

❺ +16°C −15°C

❻ a) −1,4 b) −2,5

❼ a) −1,70 € +76 € b) −34,9 € +0,39 €
c) −134 €

❽ a) −2 −23 b) −69 +125
c) −6,4 +593,8 d) $+\frac{1}{12} - 1\frac{19}{30}$

❾ a) −122 −14 +0,1
b) +413 +21,32 −0,8
c) $-\frac{9}{11}$ $-\frac{9}{7}$ $-\frac{5}{9}$ $+\frac{3}{5}$

❿ −1

Seite 44–45

❶ a) −21 −48 −0,09 b) −4 +0,8 −12

❷ a) +0,2 1,23 b) −9,45 −36,3
c) +128 $+\frac{6}{35}$ d) −12 −5

❸ a) +90 −8,45 b) $-\frac{5}{16}$ −27

❹★ x = −4 x = −11 x = +6 x = +3

❺ Die Zahl heißt −9.

❻ $-2^4 = +16$ $(-\frac{1}{2})^2 = +\frac{1}{4}$ $(+4)^4 = 256$

❼ −216 $+\frac{9}{25}$ +6,25 +343

❽ a) −180 +3 −11 b) +3 $-1\frac{1}{3}$ $-3\frac{1}{2}$
c) $+1\frac{1}{7}$ $-1\frac{3}{5}$ −0,02

❾ a)

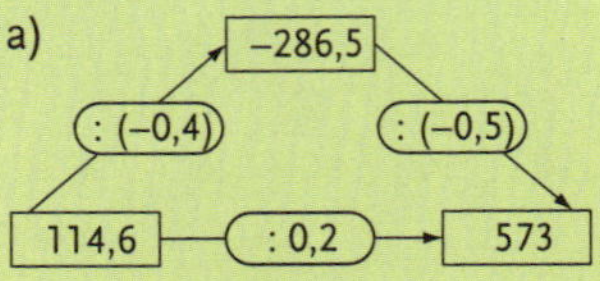

b)

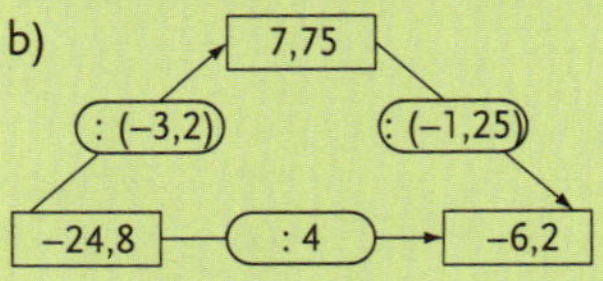

❿★ $6 \cdot (-0{,}8) \cdot 0{,}6 > -2{,}84$ (f)
$312 \cdot (-24) \cdot 12 > -100000$ (w)
$2300 : (-100) < -19$ (w)
$-\frac{3}{4} : (-\frac{3}{2}) < 0{,}25$ (f)

Seite 46–47

❶ a) −3 b) −8 c) +69 d) +1,6 e) +3,75

❷★ a) −25 b) −3 c) −63 d) −8
e) +23,4 f) +18

❸ a) +3,6 −5 b) −23 $-\frac{1}{2}$ c) +48 −1
d) −27,6 e) −9 f) $+\frac{2}{21}$

❹ a) −3,87 b) $+\frac{5}{11}$

❺ 423 € − 23,50 € − 120,30 € + 67,33 €
= 364,53 €

Seite 48–49

❶ a) x − 22 b) $\frac{1}{2}x$ c) $\frac{1}{2}a - 3$

❷ a) x + 23 b) $x^2 \cdot 3$ c) 2x − 3 d) $\frac{1}{2}x - 2y$
e) $6x + \frac{30}{5}$

❸ U = 4a U = 4,5 · 4 = 18 cm
$A = a^2$ $A = 20{,}25\ cm^2$

❹ a) Term: x · y Wert: 7,5 Stunden
b) Term: x · 0,20 + 2,30 Werte: 4,10 € und 4,70 €
c) Term: (2x − 4) : 2 Wert: 1
d) Term: $(\frac{1}{2}x + 10) \cdot 3$ Wert: 39

❺ a) zu 2x + 3 b) zu (x + 5) · 3
c) zu 3 − 2x d) zu 2x − (3 − 4)

Lösungen

Seite 50–51

1 $4x$ $5a$ $0{,}8y$ $8x$ $7bc$ $3ab$ $3abc$ $16a^2$ $2a^2b$

2 $20a - 5b$ $-11p + 11s$ $-1 - 12e$
$3mn - 4 - 3uv$ $7x^2 - 7x - 5$ $2xy + 4y^2$

3

	$6x + 3y$	
$4x + y$		$2x + 2y$
$2x + y$	$2x$	$2y$

	$4y - 17$	
$3y - 8$		$y - 9$
$y + 4$	$2y - 12$	$3 - y$

4 $U = 2a + 3b - 1$

5★ a^3 $6a^2y$ $24b^5$ $24c^2d^2e^2$ $14x^6$ $-5u^4v$
$\frac{2}{3}r^4s^6t^3$

6 $2ab$ $3x$ $5e^2$ rs $170xy$ $-0{,}6st^2$ $-3cd$

7 $U = 2b + 4a + 2c$ $A = (2a + c) \cdot b$

8 a) $8 + 3x$ Wert: -4
b) $-3b^2 - 2b$ Wert: -16

Seite 52–53

1 $8a - 4b$ $7ab - b$
$8bc + 4b$ $-4a - 15b$

2★ $a(6b + 7)$ $x(x^2 - 4)$ $12b(b - 2)$
$s(s - s^2 + 1)$
$8a(1 - 2a^2 + b + 4)$

3 $3y - 12$ $54x^2 + 27x$ $-4z + 20$ $x^4 - x$
$2{,}4a - 0{,}8a^2$

4★ $27 - 38a + 3a^2$

5 a) $(2x - 4) \cdot 2$ b) $(\frac{1}{2}x + 10) \cdot 3$
c) $\frac{1}{4}b + (-10 + x)$

6 a) falsch b) richtig c) falsch d) richtig

7 $5y^2 - 12y - 6$ $-3x^2$ $4a^2b^2 - 2a^3b$

8 $6 \cdot 16 - (4 + 25) - 5 = 62$

Seite 54–55

1 b) $2x + 8 = 38$ $x = 15$
c) $x : 4 = 15$ $x = 60$
d) $47x + 3 = 238$ $x = 5$

2 a) $x = 2$ $x = 2$ b) $x = -3$ $x = -12$
c) $x = 68$ $y = 85$ d) $m = 111$ $c = 10$
e) $c = 202$ $c = -10$

3★ $x = 4$ $y = 4$

4 $(x + 4) + x = 330$
Bärbel: 163 cm, Inge: 167 cm

5 $x + (x + 36) = 98$ Vater: 31, Opa: 67

6

$7 \cdot y + 3 = 8 \cdot y$	Lösung: $y = 3$
$10 + y = 8 + 3 \cdot y$	Lösung: $y = 1$
$5 \cdot y - 4 = 4 \cdot y + 6$	Lösung: $y = 10$
$4 \cdot y - 5 = 38 - y$	Lösung: $y = 11$
$2y - 22 = 4y - 26$	Lösung: $y = -2$
$y + 0{,}5 = 2{,}5$	Lösung: $y = 2$

7 $(x - 4) + x = 12$
$x = 8$ Socken: 4 € T-shirt: 8 €

Seite 56–57

1
$$\begin{aligned} 9x - 8 + 4x &= 97 - 2x && \mid +2x \\ 9x - 8 + 4x &= 97 && \mid +8 \\ 15x &= 105 && \mid :15 \\ x &= 7 \end{aligned}$$

2 a)
$$\begin{aligned} 21x + 7 &= 9x - 17 && \mid -9x \\ 12x + 7 &= -17 && \mid -7 \\ 12x &= -24 && \mid :12 \\ x &= -2 \end{aligned}$$

b)
$$\begin{aligned} 3 - 4z &= 3z - 4 && \mid -3z \\ 3 - 7z &= -4 && \mid -3 \\ -7z &= -7 && \mid \cdot(-1) \\ 7z &= 7 && \mid :7 \\ z &= 1 \end{aligned}$$

Probe: $3 - 4 = 3 - 4$

3
$$\begin{aligned} 11 - (81 + 4x) &= 25x + (10 + 11x) \\ 11 - 81 - 4x &= 25x + 10 + 11x \\ -70 - 4x &= 36x + 10 \\ -40x &= 80 \\ x &= -2 \end{aligned}$$

Lösungen

$3(5y + 4) = 3y$
$15y + 12 = 3y$
$12y = -12$
$y = -1$

4★ a) $x = -5$ b) $x = 6$ c) $y = 4$ d) $a = -2$

Seite 58–59

1 Das Viereck ist 25 m lang und 15 m breit.

2 Konrad ist 13 Jahre alt, Conny 9 Jahre alt.

3 Georg hat sich die Zahl 10 gedacht.

4★ Die dritte Kante ist 4 cm lang.

5 Die Karten der teuren Preisklasse kosten 5,50 €, die der billigeren Preisklasse 4 €.

Seite 60–61

1

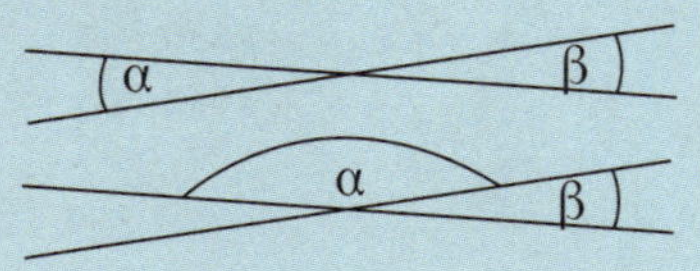

2 $\beta = 60°$ Nebenwinkel zu α
$\gamma = 120°$ Nebenwinkel zu β

3 $\gamma = 36°$ Scheitelwinkel zu α
$\beta = 69°$ $180° - \alpha - \delta$
$\varepsilon = 75°$ Scheitelwinkel zu δ

4 $\beta = 48°$ Nebenwinkel zu α
$\gamma = 48°$ Scheitelwinkel zu β

5

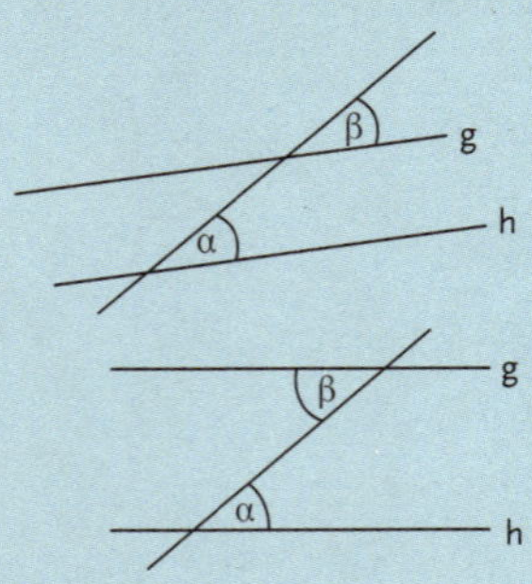

6 a) $\beta = 43°$ $\gamma = 137°$ $\delta = 137°$
b) $\beta = 55°$ $\gamma = 125°$

7★ $\alpha = 30°$ $2\alpha = 60°$ $\beta = 150°$
$\gamma = 30°$

Seite 62–63

1 a)

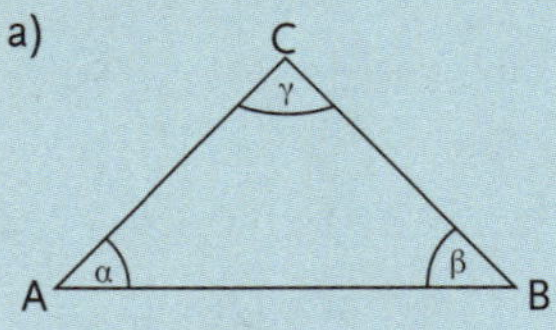

b) $\gamma = 46°$ $\gamma = 37°$

2 a) $\alpha = 12°$ b) $\beta = 58°$

3 a) $\alpha = 84°$ Winkelsumme im Dreieck
$\delta = 128°$ Nebenwinkel zu α
$\varepsilon = 136°$ Nebenwinkel zu γ
b) $\beta = 157°$ Winkelsumme im Dreieck
$\delta = 123°$ Nebenwinkel zu β

4 a) $\gamma = 56°$ $\beta = 112°$

b) $\alpha + \beta = 200°$ Winkelsumme im Dreieck: 180°

5 $\gamma = 103°$ $\alpha = 34°$

6★ $\delta = 120°$
Im gleichseitigen Dreieck sind alle Winkel gleich, nämlich 60°.

7 a) $\beta = 48°$
b) $\alpha = 55°$
c) $\beta = 79°$
d) $\alpha = 180° - \beta$

3 **Für den ersten „Non-Stop-Flug“ über den Atlantik wurden 33 Stunden bei einer Geschwindigkeit von 180 km/h benötigt.**

Berechne:
a) die Flugzeiten für den Airbus A 300, Geschwindigkeit: 900 km/h.
b) die Flugzeit für die Concorde, Geschwindigkeit 2300 km/h.

Rechne in der „Kurzform“.

a) 180 km/h → ______ h

1 km/h → ______ h

900 km/h → $\frac{\square \cdot \square}{\square}$ = ______

Antwort: ______ 3

b) $\frac{\square \cdot \square}{\square}$ = ______

Antwort: ______ 2

4 **Ein Park kann von 6 Gärtnern in 20 Tagen angelegt werden.**
Bei Beginn der Arbeit können noch 4 weitere Gärtner eingesetzt werden.
In welcher Zeit kann die Arbeit beendet werden?
Rechne in der „Kurzform“.

6 Gärtner → 20 Tage

______ → ______ Tage

______ → ______ Tage

Antwort: ______

______

3

16–12 Punkte | 11–8 Punkte | 7–0 Punkte | Gesamtpunktzahl

1 Ein Schwimmbecken wird von 5 gleich starken Zuflüssen in 12 Stunden gefüllt.

a) Zwei Zuflüsse fallen aus. Wie lange dauert nun das Füllen? Löse mit dem Dreisatz.

Antwort: ______ 3

b) Könnte man das Becken mit nur einem Zufluss in 60 Stunden füllen?

☐ ja ☐ nein 1

2 In einer Abfüllanlage werden in 8 Stunden 32000 Flaschen gefüllt. In wie vielen Stunden werden 8000 Flaschen gefüllt? Löse mit dem Dreisatz.

Antwort: ______ 3

3 2,60 m Stoff kosten 33,80 €. Wie viel kosten 6,80 m?

Antwort: ______ 3

4 **Herr Schnell hat 38 l Normalbenzin für 53,58 € getankt. Wie viele l Diesel bekommt Frau Schlau für den gleichen Betrag, wenn 1 l Diesel 9 ct billiger ist als das Normalbenzin? Rechne auf 2 Nachkommastellen.**

a) Berechne zuerst, wie viel Herr Schnell für 1 l Benzin bezahlt hat:

____

Antwort: ______________________________________ 1

b) Wie viele Liter Diesel bekommt nun Frau Schlau?

____

Antwort: ______________________________________ 3

5 **Löse die Zuordnung zeichnerisch und fülle die Tabelle aus.**

a) Eine Zuckermenge wird in 30 Päckchen zu je 2 kg abgepackt.

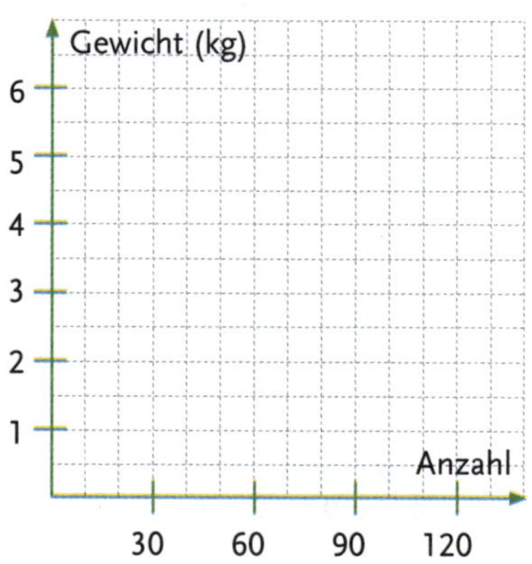

Anzahl Päckchen	30	50	15	80
Gewicht in kg	*2*			*0,75*

b) 4 Rosen kosten 4,80 €.

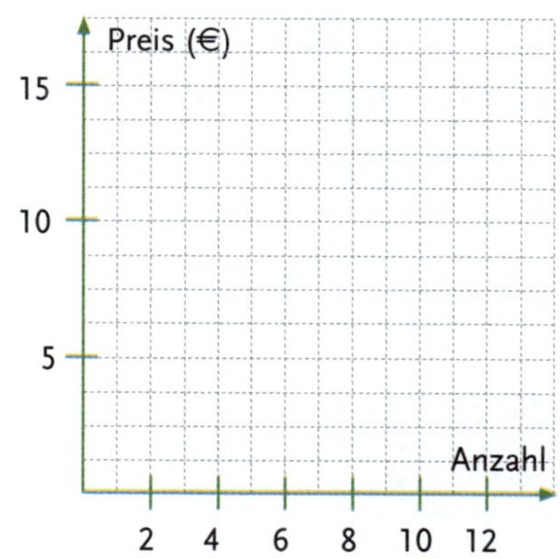

Anzahl Rosen	4	3	9	12
Preis in €				

4

Darstellen und vergleichen

1 **Trage die Temperaturen in die Thermometer ein.**

a) −3 °C 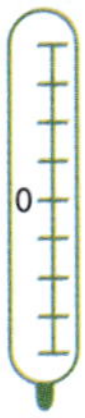 b) +3 °C 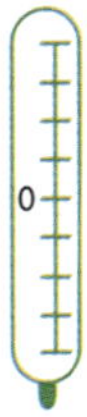 c) −1 °C 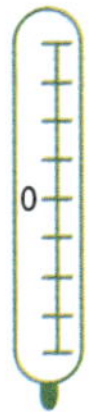 d) +1 °C 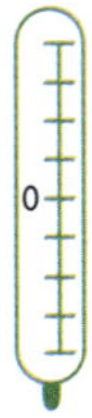

2

2 **a) Welche Zahlen sind auf der Zahlengeraden markiert?**

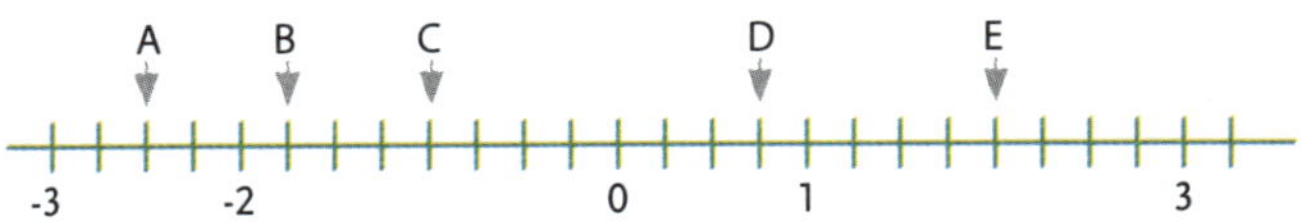

A = ______ B = ______ C = ______ D = ______ E = ______

b) Markiere auf der Zahlengeraden: −0,8 −1,2 +0,2 +0,5 −0,2

6

3 **Welche Zahl liegt in der Mitte? Trage sie in das Kästchen ein.**

a) −8 ☐ −6 b) −4 ☐ +13 c) −20 ☐ +40

d) +3,4 ☐ −3,4 e) −100 ☐ +30 f) −15 ☐ 0

3

4 **Setze die Zeichen <, >, oder = ein.**

a) 7 ____ −3 b) −4 ____ −7 c) −5 ____ 5 d) −22 ____ −10

e) −33,4 ____ −33,3 f) −9 ____ −9,6 g) $-\frac{2}{5}$ ____ $-\frac{1}{4}$ h) 0 ____ −2,5

4

5 **Vergleiche die Temperaturen. Setze <, > oder = ein.**

a) 3,4°C ____ −13,5°C b) −4,6°C ____ −14,3°C c) −5°C ____ −2°C

3

6 **Ordne die Zahlen der Größe nach. Beginne mit der kleinsten.**

a) −405 −45 −504 −54,6 −450 −540 −54 +45

____ < ____ < ____ < ____ < ____ < ____ < ____ < ____

b) −6,78 −7,86 −6,87 −8, 67 −7, 68 −8, 76 −9,78 −7,89

____ < ____ < ____ < ____ < ____ < ____ < ____ < ____

2

7 **Bestimme die Koordinaten der eingetragenen Punkte im Koordinatensystem.**

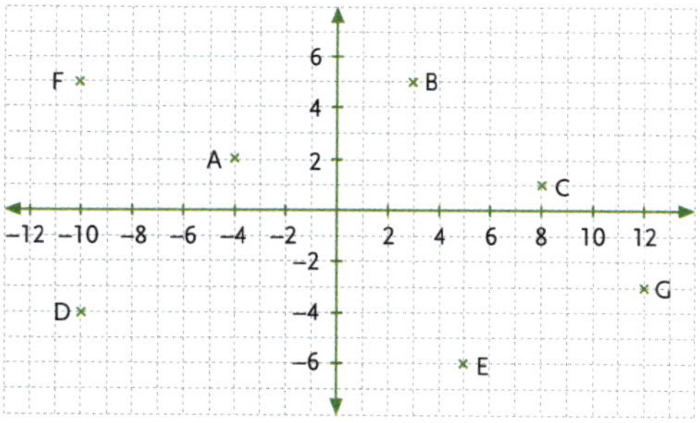

Beispiel: *A (−4 | 2)*

B (____) C (____) D (____) E (____) F (____) G (____)

3

8 **Übertrage die Punkte in das Koordinatensystem und verbinde sie zu einem Sechseck.**

A (−2 | −2) B (0 | −3) C (2,5 | −2) D (3,5 | 2) E (−1,5 | 2) F (−3,5 | 1)

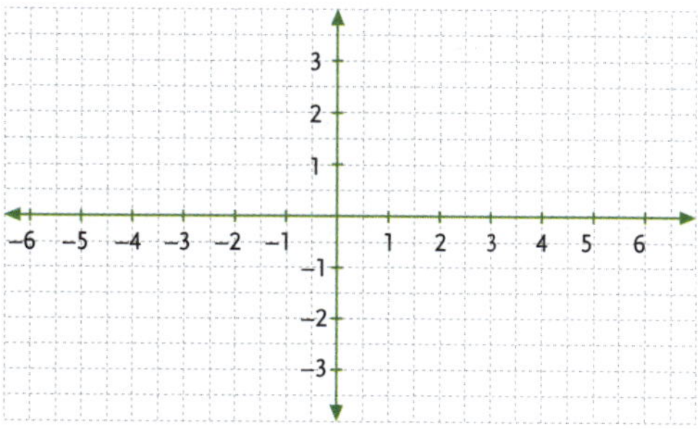

3

26–20 Punkte 19–14 Punkte 13–0 Punkte Gesamtpunktzahl

Addieren und subtrahieren

1 **Der Kontostand von Frau Müller beträgt 540 €. Sie bezahlt eine Rechnung von 653 €. Wie ist ihr Kontostand anschließend?**

_______________ 1

2 **Herr Frei hat sein Konto um 356 € am Monatsende überzogen. Im neuen Monat wird sein Gehalt von 2354 € überwiesen. Wie ist dann sein Kontostand?**

_______________ 1

3 **Kontobewegungen auf einer Bank. Fülle die Tabelle aus.**

	a)	b)	c)	d)
Kontostand in €	+159	−320	+235	+245,50
Buchung in €	−468	+8520	+1267	−465
neuer Kontostand in €				

4

4 **An einem Wintertag zeigt das Thermometer um 6 Uhr morgens eine Temperatur von −3 °C an. Um 12 Uhr ist die Temperatur um 5 °C gestiegen und um 22 Uhr ist sie um 11 °C gefallen. Welche Temperatur zeigte das Thermometer jeweils an?**

um 12 Uhr: _______________ um 22 Uhr: _______________ 2

5 **Berechne jeweils Anstieg oder Absenkung der Temperatur.**

von −12 °C auf +4 °C : _______________ von +6 °C auf −9 °C : _______________ 2

6 **Welche rationale Zahl ist a) um −3,4 kleiner als 2, welche ist b) um 4,5 größer als −7?**

a) _______________ b) _______________ 2

7 **Berechne.**

a) 4,60 € – 6,30 € = ______ –154 € + 230 € = ______

b) –11,30 € – 23,6 € = ______ 5,95 € – 5,56 € = ______

c) –55 € + 23 € – 102 € = ______ [ ] 5

8 **Vereinfache und berechne.**

Klammern und + Vorzeichen können weggelassen, Vorzeichen und Rechenzeichen können zusammengefasst werden:
+ (+) → + und + (–) → – – (+) → – und – (–) → +

Beispiel: $(-6) + (-5) = -6 - 5 = -11$
$(+5) - (-7) = 5 + 7 = 12$

a) $(+13) + (-15) =$ ______ $(-8) + (-15) =$ ______

b) $(-26) - (+43) =$ ______ $(+55) - (-70) =$ ______

c) $(-2{,}6) + (-3{,}8) =$ ______ $(+235{,}8) - (-358) =$ ______

d) $(+\frac{3}{4}) - (+\frac{2}{3}) =$ ______ $(-\frac{5}{6}) + (-\frac{4}{5}) =$ ______ [ ] 8

9 **Berechne.**

a) $-76 - 46 =$ ______ $43 - 57 =$ ______ $0{,}4 - 0{,}3 =$ ______

b) $-237 + 650 =$ ______ $76{,}12 - 54{,}8 =$ ______ $-3{,}4 + 2{,}6 =$ ______

c) $2\frac{4}{11} - 3\frac{2}{11} =$ ______ $-\frac{4}{7} - \frac{5}{7} =$ ______ $\frac{2}{9} - \frac{7}{9} =$ ______ $-\frac{1}{5} + \frac{4}{5} =$ ______ [ ] 10

10 **Addiere zu der Summe von 9 und –7 die Zahl –3.**

______ [ ] 1

[ ] 36–28 Punkte 27–19 Punkte 18–0 Punkte [ ] Gesamtpunktzahl

Multiplizieren und dividieren

Vorzeichenregeln für die Multiplikation:

$(+) \cdot (+) = (+)$ $(+) \cdot (-) = (-)$

$(-) \cdot (+) = (-)$ $(-) \cdot (-) = (+)$

Für die Division:

$(+) : (+) = (+)$ $(+) : (-) = (-)$

$(-) : (+) = (-)$ $(-) : (-) = (+)$

1 Multipliziere oder dividiere im Kopf. Bestimme zuerst das Vorzeichen.

a) $(-3) \cdot 7 =$ ______ $12 \cdot (-4) =$ ______ $0{,}3 \cdot (-0{,}3) =$ ______

b) $24 : (-6) =$ ______ $(-0{,}8) : (-1) =$ ______ $144 : (-12) =$ ______ 6

2 Schreibe zuerst auf, welches Vorzeichen das Ergebnis hat, rechne dann.

a) $0{,}4 \cdot 0{,}5 =$ ______ $12{,}3 \cdot 0{,}1 =$ ______

b) $(-4{,}5) \cdot 2{,}1 =$ ______ $3 \cdot (-12{,}1) =$ ______

c) $(-16) \cdot (-8) =$ ______ $(-\frac{2}{7}) \cdot (-\frac{3}{5}) =$ ______

d) $(-144) : 12 =$ ______ $85 : (-17) =$ ______ 11

3 Berechne.

a) $(-3) \cdot 6 \cdot (-5) =$ ______ $(-6{,}5) \cdot (-1{,}3) \cdot (-1) =$ ______

b) $(-\frac{5}{8}) \cdot (-\frac{3}{4}) \cdot (-\frac{2}{3}) =$ ______ $(-3)^3 =$ ______ 4

4 Ermittle die Zahl x.

$12 \cdot x = -48$ x = ______ $132 = (-12) \cdot x$ x = ______

$-\frac{1}{3} \cdot x = -2$ x = ______ $(-0{,}5) \cdot x = -\frac{3}{2}$ x = ______ 4

5 Multipliziert man eine Zahl mit (–0,2), erhält man 1,8.

Wie heißt die Zahl? ______ 1

6 **Schreibe als Potenz und berechne.**

$(-2) \cdot (-2) \cdot (-2) \cdot (-2) =$ ____ $=$ ____ $-\frac{1}{2} \cdot -\frac{1}{2} =$ ____ $=$ ____

$(+4) \cdot (+4) \cdot (+4) \cdot (+4) =$ ____ $=$ ____ [3]

7 **Schreibe die Potenz als Produkt und berechne.**

$(-6)^3 =$ ____ $=$ ____ $(-\frac{3}{5})^2 =$ ____ $=$ ____

$(-2{,}5)^2 =$ ____ $=$ ____ $(+7)^3 =$ ____ $=$ ____ [4]

8 **Schreibe zuerst auf, welches Vorzeichen das Ergebnis hat, und rechne dann.**

a) $540 : (-3) =$ ____ $(-270) : (-90) =$ ____ $121 : (-11) =$ ____

b) $(-36) : (-12) =$ ____ $\frac{7}{8} : (-\frac{21}{32}) =$ ____ $2{,}1 : (-\frac{3}{5}) =$ ____

c) $(-\frac{96}{7}) : (-12) =$ ____ $3\frac{1}{5} : (-2) =$ ____ $(-0{,}2) : 10 =$ ____ [9]

9 **Ergänze die fehlenden Angaben.**

a)

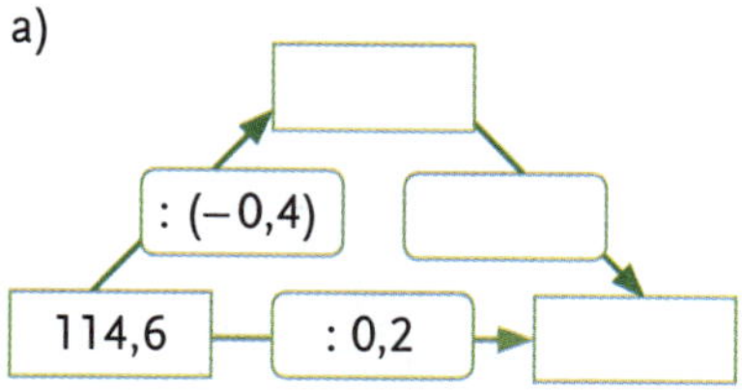

b)

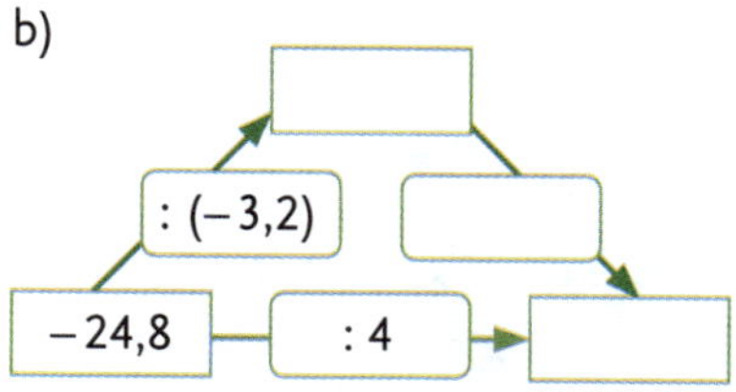

[4]

10 **Wahre (w) oder falsche (f) Aussage?**

$6 \cdot (-0{,}8) \cdot 0{,}6 > (-2{,}84)$ ( ) $312 \cdot (-24) \cdot 12 > (-100\,000)$ ( )

$2\,300 : (-100) < (-19)$ ( ) $(-\frac{3}{4}) : (-\frac{3}{2}) < 0{,}25$ ( ) [4]

50–39 Punkte | 38–26 Punkte | 25–0 Punkte | Gesamtpunktzahl

Verbindung der Rechenarten

Vertauschungsgesetz:

1. In einer Summe dürfen die Summanden vertauscht werden.

$(+3) + (-5) = (-5) + (+3)$
$= 3 - 5 = -5 + 3 = -2$

2. In einem Produkt dürfen die Faktoren vertauscht werden:

$(-5) \cdot (+4) = (+4) \cdot (-5)$
$= -5 \cdot 4 = 4 \cdot (-5)$

1 Rechne vorteilhaft.

a) $(+15) + (-23) - (-5) =$ ______

b) $(-54) + (+25) - (+14) - (-35) =$ ______

c) $-36 - 16 + 29 + 56 + 36 =$ ______

d) $(-0{,}4) \cdot 0{,}8 \cdot (-5) =$ ______

e) $0{,}01 \cdot (-2{,}5) \cdot 100 \cdot (-1{,}5) =$ ______ 5

2 Berechne.

Beachte: Klammer zuerst, Punktrechnung geht vor Strichrechnung.

a) $-5 \cdot (24 - 19) =$ ______

b) $(41 - 43) \cdot (-8) - 76 : 4 =$ ______

c) $-24 - 13 \cdot (-5 + 8) =$ ______

d) $-72 : (-9) + (-128) : 8 =$ ______

e) $45 - (0{,}2 + 7) \cdot 3 =$ ______

f) $(14 - 18) : (-4) \cdot [6 \cdot (19 - 16)] =$ ______

______ 6

Verteilungsgesetz

Ausklammern: Setze den gemeinsamen Faktor vor die Klammer, berechne die Summe und multipliziere das Ergebnis mit dem ausgeklammerten Faktor.

Ausmultiplizieren: Multipliziere den Faktor vor der Klammer mit jedem Summanden in der Klammer und addiere anschließend.

Dieses Gesetz gilt auch beim Subtrahieren und Dividieren!

3 Wende das Verteilungsgesetz an und berechne.

a) $(-10) \cdot (-0{,}5 + 0{,}14) =$ ______ $(-81 + 36) : 9 =$ ______

b) $6 \cdot (-\frac{5}{6} - 3) =$ ______ $(-\frac{11}{14} + \frac{5}{7}) : \frac{1}{7} =$ ______

c) $(-8) \cdot 6 - (-8) \cdot 12 =$ ______ $2 \cdot \frac{1}{3} - 5 \cdot \frac{1}{3} =$ ______

d) $12 \cdot 1{,}2 - 12 \cdot 3{,}5 =$ ______

e) $(-1{,}2) \cdot 3{,}7 + (-1{,}2) \cdot 4{,}6 - (-1{,}2) \cdot 0{,}8 =$ ______

f) $-\frac{3}{4} \cdot (-\frac{8}{9} + \frac{16}{21}) =$ ______ [ ] 7

4 Schreibe als Term und berechne.

a) Multipliziere die Summe aus 56,8 und −43,9 mit der Zahl −0,3.

______

b) Dividiere die Summe aus $\frac{2}{3}$ und $-\frac{1}{4}$ durch die Differenz dieser Zahlen.

______ [ ] 4

5 Notiere eine Aufgabe mit negativen Zahlen.

Frau Sparsam hat auf ihrem Konto 423 €. Nacheinander werden davon 23,50 € und 102,30 € abgebucht und 67,33 € eingezahlt.

______ [ ] 1

[ ] 23–19 Punkte | 18–13 Punkte | 12–0 Punkte | [ ] Gesamtpunktzahl

Terme aufstellen

Terme können Buchstaben als Variablen enthalten. Für die Variablen kannst du Zahlen einsetzen. Du erhältst eine Zahl als Ergebnis.

1 Schreibe als Term.

a) Jutta wiegt x kg. Gudrun 22 kg weniger. ______

b) Herr Krug hat x Autos. Herr Krumm besitzt die Hälfte weniger.

______

c) Jürgen hat x Computerspiele. Sebastian 3 weniger als die Hälfte.

______ 3

2 Drücke mit einem Term aus.

a) Eine Zahl wird um 23 vergrößert. ______

b) Das Dreifache des Quadrats einer Zahl. ______

c) Das Doppelte einer Zahl wird um 3 vermindert. ______

d) Die Differenz der Hälfte einer Zahl und das Zweifache einer anderen Zahl.

______

e) Die Summe aus dem Produkt einer Zahl und 6 und dem Quotienten aus 30 und 5.

______ 5

3 Stelle für den Umfang und die Fläche eines Quadrats mit der Seite a je einen Term auf und berechne für a = 4,5 cm.

Term: U = ______ Wert: U = ______

Term: A = ______ Wert: A = ______ 4

4 Stelle einen Term auf und berechne den Wert.

a) Die Klasse 9a schreibt x Klassenarbeiten im Jahr, die jeweils y Stunden dauern. Wie lang ist die gesamte Zeit? Berechne für $x = 5$ und $y = 1{,}5$.

Term: ____________ Wert: ____________ [ ] 2

b) In einem Supermarkt bezahlt man 0,20 € Pfand für eine Flasche Coca Cola und 2,30 € Pfand für den Kasten. Stelle einen Term auf und berechne das Pfand für einen Kasten mit 9 und einem mit 12 Flaschen.

Term: ____________ Werte: ____________

____________ [ ] 2

c) Subtrahiere 4 vom Doppelten einer Zahl x und dividiere die Differenz durch 2. Berechne für $x = 3$.

Term: ____________ Wert: ____________ [ ] 2

d) Zur Hälfte einer Zahl x wird 10 addiert und die Summe verdreifacht. Berechne für $x = 6$.

Term: ____________ Wert: ____________ [ ] 2

5 Ordne den richtigen Term zu. Verbinde mit einem Strich.

a) Verdoppele eine Zahl und addiere 3.	$2x - (3 - 4)$
b) Vermehre eine Zahl um 5 und verdreifache die Summe.	$3 - 2x$
c) Subtrahiere von 3 das Doppelte einer Zahl.	$(x + 5) \cdot 3$
d) Subtrahiere von dem Doppelten einer Zahl die Differenz von 3 und 4.	$2 \cdot x + 3$

[ ] 4

24–19 Punkte | 18–13 Punkte | 12–0 Punkte | Gesamtpunktzahl

Terme vereinfachen

Gleichartige Terme lassen sich durch Addieren und Subtrahieren zusammenfassen:
$a + a + a = 3 \cdot a = 3a$ $3a - 2a = a$ $2ab - 4ab = -2ab$
Beachte: $3x$ und $6x^2$ sind nicht gleichartig, $3x^2$ und $6x^2$ sind gleichartig.

1 Addiere und subtrahiere.

$5x + 7x - 8x =$ ______ $12a - 9a + 2a =$ ______ $1{,}2y - 0{,}4y =$ ______

$x + 7x =$ ______ $3bc + 5bc - bc =$ ______ $13ab - 14ab + 4ab =$ ______

$abc + abc + abc =$ ______ $5a^2 + 10a^2 + a^2 =$ ______ $4a^2b - 2a^2b =$ ______   [| 9]

2 Fasse gleichartige Terme zusammen.

$32a - 5b - 12a =$ ______ $-8p + 7s - 3p + 4s =$ ______

$26 - 17e - 27 + 5e =$ ______ $3mn + 7uv - 4 - 10uv =$ ______

$4x2 - 7x + 3x^2 - 5 =$ ______ $xy + 4y^2 - x + xy + x =$ ______   [| 6]

3 Nebeneinander stehende Kästchen werden addiert.

a)

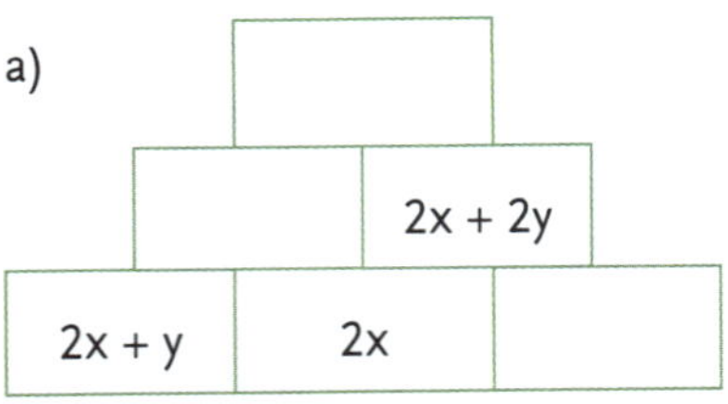

b)

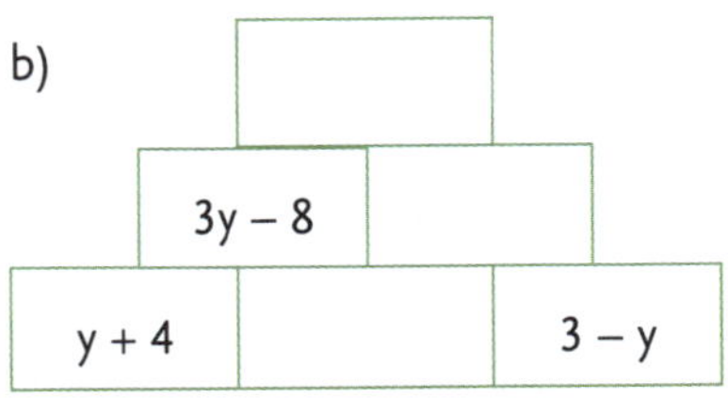

[| 8]

4 Schreibe einen Term für den Umfang und fasse zusammen.

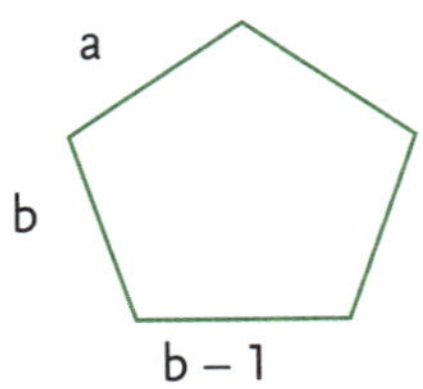

U = ______

______   [| 2]

Ein Produkt aus Zahlen und Variablen lässt sich vereinfachen, indem man die Koeffizienten und die Variablen getrennt multipliziert.

$2a \cdot a = 2a^2$ $2b \cdot 4a = 8ab$

Beim Dividieren eines Terms durch eine Zahl wird der Koeffizient dividiert.

$12x : 3 = 4x$

5 Multipliziere.

$a \cdot a \cdot a =$ ______ $y \cdot 2a \cdot 3a =$ ______ $2b \cdot 4b \cdot b^2 \cdot 3b =$ ______

$3 \cdot c \cdot d \cdot 4 \cdot c \cdot e \cdot 2de =$ ______ $x^2 \cdot 7x \cdot 2x \cdot x^2 =$ ______

$u^2 \cdot 0{,}5v \cdot 5u^2 \cdot (-2) =$ ______ $r^2s \cdot rst \cdot t^2s \cdot s^2r \cdot \frac{2}{3}s =$ ______ | 7

6 Dividiere.

$6ab : 3 =$ ______ $15x : 5 =$ ______ $-10e^2 : 2 =$ ______ $5rs : 5 =$ ______

$17xy : 0{,}1 =$ ______ $-6st^2 : 10 =$ ______ $21cd : (-7) =$ ______ | 8

7 Stelle einen Term für den Umfang und für die Fläche auf.

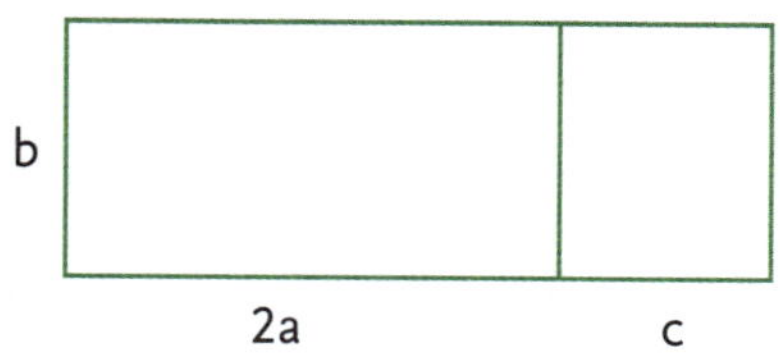

U = ______

A = ______ | 2

8 Vereinfache die Terme, berechne sie dann für die angegebenen Einsetzungen.

a) $12 + 7x - 8 - 5x + 4 + x \quad x = -4$

______

______

b) $b^2 + 5b - 7b - 4b^2 \quad b = 2$

______

______ | 4

46–36 Punkte 35–24 Punkte 23–0 Punkte Gesamtpunktzahl

Terme mit Klammern

Addition: Die Klammer darf wegfallen. Vorzeichen ändern sich nicht.
$5a + (2b - 4a) = 5a + 2b - 4a = a + 2b$

Subtraktion: Die Klammer darf wegfallen, wenn dabei alle Pluszeichen zu Minuszeichen werden und umgekehrt.
$6a - (-2a + 3b) = 6a + 2a - 3b = 8a - 3b$

1 **Schreibe ohne Klammer und fasse zusammen.**

$2a + (6a - 4b) =$ ______

$5ab - (-2ab + b) =$ ______

$7bc + (2cb - b) - (-5b + bc) =$ ______

$(-3a - 6b) + (-9b + 4a) - (10a - 5a) =$ ______ | 6

Ausklammern: $ab + 3b = b \cdot (a + 3) = b(a + 3)$ $2bc - 4c^2 = 2c(b - 2c)$
Ausmultiplizieren: $2(-3x + 4) = -6x + 8$

2 **Klammere aus.**

$6ab + 7a =$ ______ $x^3 - 4x =$ ______ $12b^2 - 24b =$ ______

$s^2 \cdot s^3 + s =$ ______ $8a - 16a^3 + 8ab + 32a =$ ______ | 5

3 **Multipliziere aus.**

$3 \cdot (y - 4) =$ ______ $9x \cdot (6x + 3) =$ ______ $-4 \cdot (z - 5) =$ ______

$x \cdot (x^3 - 1) =$ ______ $0{,}8a \cdot (3 - a) =$ ______ | 5

4 **Vereinfache den Term.**

$7 + 4a - 6a \cdot (7 - a) - 3a^2 + 20 =$ ______

______ | 1

5 Stelle einen Term auf.

a) Subtrahiere 4 vom Doppelten einer Zahl und multipliziere die Differenz mit 2.

....

b) Zur Hälfte einer Zahl wird 10 addiert und die Summe verdreifacht.

....

c) Addiere zum Produkt aus b und $\frac{1}{4}$ die Summe aus −10 und x.

.... 3

6 Der Fehlerteufel war am Werk. Bei welchen Termen wurden die Klammern falsch aufgelöst?

	richtig	falsch
a) $-77 + (7a + 14) = -77 - 7a - 14$		
b) $49 - (22 - 4b) = 49 - 22 + 4b$		
c) $(-45 + a) - 6 \cdot (8 + a) = -45 + a - 48 - a$		
d) $7 \cdot (2a - 3b) - (4a - 23) = 14a - 21b - 4a + 23$		

3

7 Löse die Klammern auf und vereinfache.

$y \cdot (4y - 12) - (6 - y^2) =$ ....

$x \cdot (-3 + x) - 7x + 2x \cdot (5 - 2x) =$ ....

$ab \cdot (11ab - 7ab - 2a^2) =$ 3

8 Berechne den Wert des Terms: $6a^2 - (a + y^2) - y$ für $a = 4$ und $y = 5$

.... 1

27–21 Punkte | 20–14 Punkte | 13–0 Punkte | Gesamtpunktzahl

Gleichungen aufstellen und lösen

1 Wie heißt die gesuchte Zahl? Schreibe wie im Beispiel vorgegeben.

a) Eine Zahl vermehrt um 6 ist 74. *Gleichung: $x + 6 = 74$* *$x = 68$*

b) Addiert man zum Doppelten einer Zahl 8, erhält man 38.

____

c) Dividiert man eine Zahl durch 4, erhält man 15.

____

d) Multipliziert man eine Zahl mit 47 und addiert 3, erhält man 238.

______________________________ 3

2 Löse die Gleichungen.

a) $6x - 12 = 0$ $x =$ ______ $3x = 6$ $x =$ ______

b) $-2x - 2 = 4$ $x =$ ______ $x : 3 = -36$ $x =$ ______

c) $x + 6 = 74$ $x =$ ______ $y - 25 = 60$ $y =$ ______

d) $18 + m = 129$ $m =$ ______ $c + 96 = 106$ $c =$ ______

e) $c - 96 = 106$ $c =$ ______ $c + 106 = 96$ $c =$ ______ 5

3 Finde die Lösung durch Probieren. Trage wahr „w" oder falsch „f" ein.

x	$3 - 2 \cdot x = -5$	w/f
6	*$3 - 2 \cdot 6 = -5$*	*f*
4		
2		
0		
−2		

y	$2 \cdot y + 12 = 5 \cdot y$	w/f
1		
2		
3		
4		
5		

2

4 Inge und Bärbel sind zusammen 330 cm groß. Inge ist 4 cm größer als Bärbel. Wie groß sind Inge und Bärbel?

Gleichung: ______________________________

Ergebnis: ______________________________ 2

5 Michael hat das Alter von seinem Opa und seinem Vater zusammengezählt und 98 Jahre erhalten. Dabei ist der Opa 36 Jahre älter als Michaels Vater. Wie alt sind Opa und Vater?

Gleichung: ______________________________

Antwort: ______________________________ 3

6 Ordne die jeweilige Lösung zu. Verbinde mit einer Linie.

$7 \cdot y + 3 = 8 \cdot y$	$y = 2$
$10 + y = 8 + 3 \cdot y$	$y = 10$
$5 \cdot y - 4 = 4 \cdot y + 6$	$y = 3$
$4 \cdot y + 5 = 38 + y$	$y = -2$
$2y - 22 = 4y - 26$	$y = 11$
$y - 0{,}5 = -2{,}5$	$y = 1$

6

7 Nadine kauft zum Sommerschlussverkauf ein Paar Socken und ein T-Shirt für zusammen 12,00 €. Die Socken sind 4 € billiger als das T-Shirt. Wie viel kosten die Socken und wie viel das T-Shirt?

Gleichung: ______________________________

Antwort: ______________________________ 3

24–19 Punkte | 18–13 Punkte | 12–0 Punkte | Gesamtpunktzahl

Gleichungen lösen durch Umformen

Beachte: Du musst immer auf beiden Seiten den gleichen Term (oder Zahl) addieren oder subtrahieren, oder mit dem gleichen Term (oder Zahl) multiplizieren oder dividieren.
Zum Schluss muss die Variable x auf einer Seite allein stehen.

1 Vervollständige das Beispiel.

$9x - 8 + 4x$	=	$97 - 2x$	| + 2x: auf beiden Seiten 2x addieren
$9x - 8 + 4x + 2x$	=	$97 - 2x + 2x$	| Terme zusammenfassen
______	=	97	| + 8: auf beiden Seiten 8 addieren
______ $+8$	=	$97 + 8$	
$15x$	=	______	| : 15, auf beiden Seiten durch 15 dividieren
$15x : 15$	=	______	
x	=	______	

2

2 Vervollständige die Umformung der Gleichung.

a) $21x + 7$	=	$9x - 17$	| $-9x$		b) $3 - 4z$	=	$3z - 4$	| $-3z$
______	=	-17	|		______	=	______	|
______	=	______	|		______	=	______	|
x	=	______			z	=	______	

Probe: Setze für x und für z die gefundene Lösung ein.

a) ______________________ b) ______________________

______________________ ______________________

3

Kommen in einer Gleichung Klammern vor, werden diese zuerst mithilfe von Term-Umformungen aufgelöst.

3 An der Tafel stehen zwei Gleichungen. Vervollständige die Lösungen.

$11 - (81 + 4x)$	$=$	$25x + (10 + 11x)$	$3 \cdot (5y + 4)$	$=$	$3y$
$11 - 81$ ____	$=$	________	$15y +$ ____	$=$	$3y$
$-70 - 4x$	$=$	________	________	$=$	____
____	$=$	________	________	$=$	____
x	$=$	____	y	$=$	____

[ ] 2

4 Wie heißt die Lösung?

a) $50 - (2x + 10) = 5 + 5x$

b) $8x = (4 - 2x) \cdot (-3)$

c) $10 \cdot (y - 2) = 56 - 12 \cdot (y - 1)$

d) $2 \cdot (-2 - a) = (6 - 3a) \cdot (-8)$

[ ] 8

[ ] 15–11 Punkte | 10–8 Punkte | 7–0 Punkte | [ ] Gesamtpunktzahl

Denke an die Schrittfolge:
1. Text genau durchlesen.
2. Zeichnung anfertigen und beschriften (falls möglich).
5. Variablen festlegen.
6. Terme bilden.
7. Gleichung aufstellen.
8. Gleichung lösen.
9. Ergebnis überprüfen.

1 **Eine Baugrube wird mit 80 m Absperrband in Form eines Rechtecks gesichert. Welche Abmessungen hat das Viereck, wenn es 10 m länger als breit ist?**

Schreibe die Formel für den Umfang eines Rechtecks.

U = ______________

____

____

____

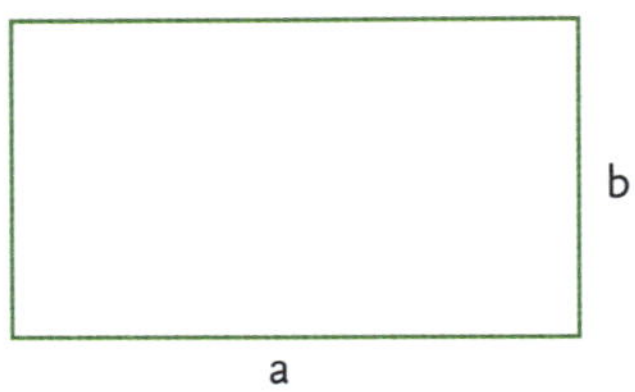

Antwort: ______________________________ 3

2 **Konrad und seine Schwester Conny sind zusammen 22 Jahre alt.**
Konrad ist 4 Jahre älter als seine Schwester.
Wie alt sind die Geschwister?

____

Conny: ______________ Konrad: ______________ 3

3 **Georg sagt zu seinem Freund Max: „Ich denke mir eine Zahl und addiere 3 hinzu. Anschließend multipliziere ich das Ergebnis mit 5 und ziehe dann 10 wieder ab. Das Ergebnis lautet 55“. Welche Zahl hat sich Georg gedacht? Stelle eine Gleichung mit Klammern auf.**

55

Antwort: ____________ 3

4 **Der Oberflächeninhalt einer quaderförmigen Schachtel beträgt $94\,m^2$. Von zwei Kanten sind die Längen bekannt: a = 5 cm und b = 3 cm. Wie lang ist die dritte Kante?**

Antwort: ____________ 3

5 **Die Spieler einer Fußballmannschaft gehen nach dem Training ins Kino. Sie bekommen jedoch nicht 11 Plätze nebeneinander, sondern nur noch 4 Karten in der teuren Preisklasse und 7 Karten in der um 1,50 € billigeren Preisklasse. Zusammen kosten die Karten 50 €. Wie teuer sind die Karten der beiden Preisklassen?**

Antwort: ____________ 3

15–11 Punkte | 10–8 Punkte | 7–0 Punkte | Gesamtpunktzahl

Winkelsätze

1 **Scheitelwinkel sind gleich groß.** **Nebenwinkel ergänzen sich zu 180°.**

$\alpha = \beta$

$\alpha + \beta = 180°$

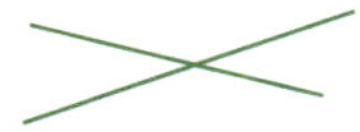

a) Schreibe in ein Scheitelwinkelpaar die Winkel α und β.

b) Schreibe in ein Nebenwinkelpaar die Winkel α und β.

2

2 **Berechne die Winkel β, γ und δ und begründe mit den entsprechenden Winkelarten.**

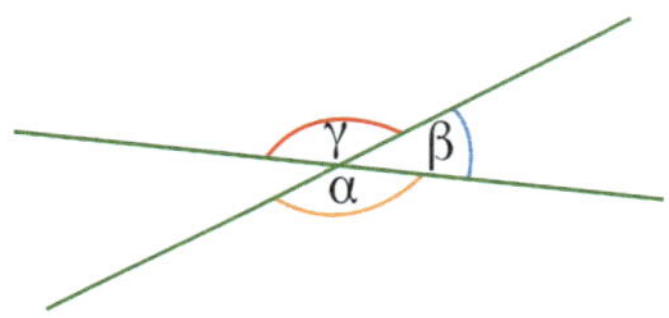

$\alpha = 120°$

Winkelart

β = ______ ____________

γ = ______ ____________

2

3 **Berechne die Größe der übrigen Winkel.**

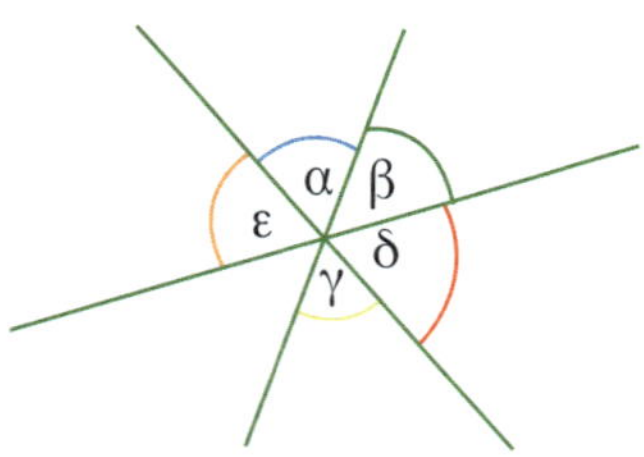

$\alpha = 36°$ $\delta = 75°$

Begründung:

ε = ______ ____________

γ = ______ ____________

β = ______ ____________

3

4 **Berechne die Größe der Winkel β und γ und begründe.**

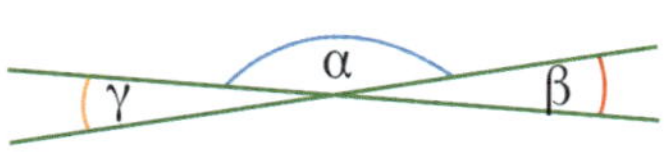

$\alpha = 132°$

β = ______ ____________

γ = ______ ____________

2

5 **Stufenwinkel an geschnittenen Parallelen sind gleich groß.**

g || h

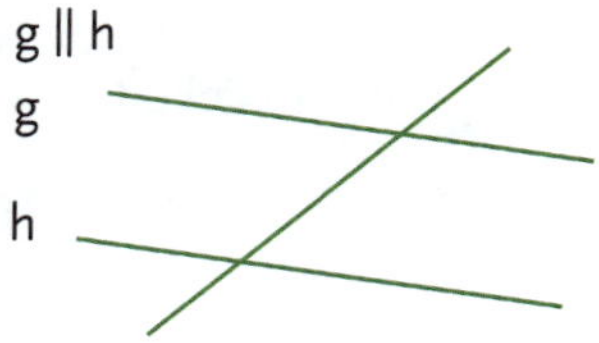

a) Kennzeichne ein Stufenwinkelpaar mit α und β.

Wechselwinkel an geschnittenen Parallelen sind gleich groß.

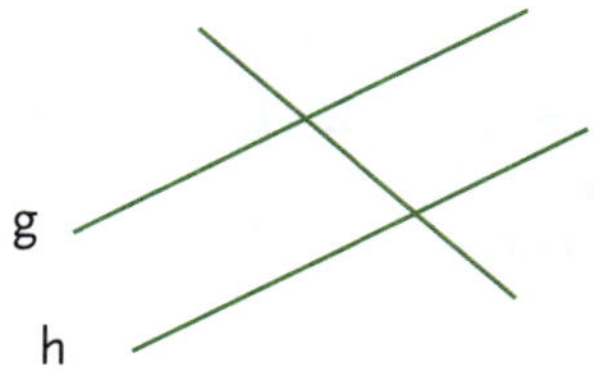

b) Kennzeichne ein Wechselwinkelpaar mit α und β.

2

6 **Die Geraden a und b sind parallel zueinander. Berechne die Winkel.**

a)

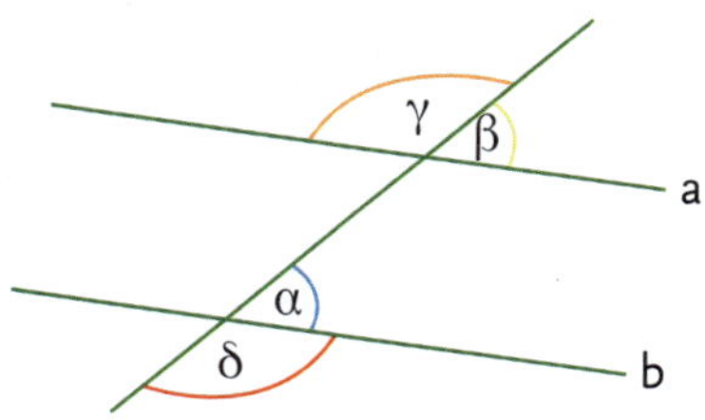

$\alpha = 43°$ $\beta =$ ______

$\gamma =$ ______ $\delta =$ ______

b)

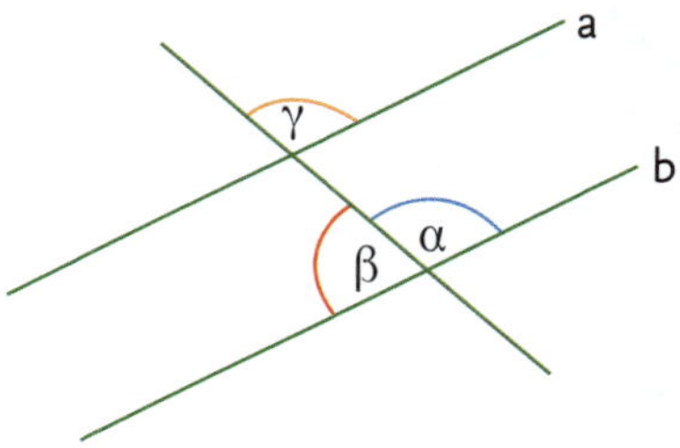

$\alpha = 125°$ $\beta =$ ______

$\gamma =$ ______

5

7 **Wie groß sind die Winkel α, β und γ? Berechne.**

g || h

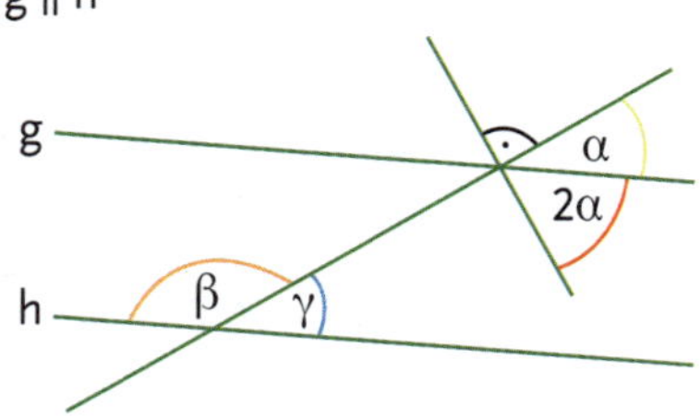

$\alpha =$ ______

$2\alpha =$ ______

$\beta =$ ______

$\gamma =$ ______

4

⏰ ☐	20–16 Punkte	15–10 Punkte	9–0 Punkte	☐ Gesamtpunktzahl

Winkelsumme im Dreieck

In jedem Dreieck beträgt die Summe der Innenwinkel 180°.
$\alpha + \beta + \gamma = 180°$.

1 a) **Beschrifte die Ecken und die Innenwinkel des Dreiecks mit den üblichen Buchstaben.**
b) **Berechne den Winkel γ.**

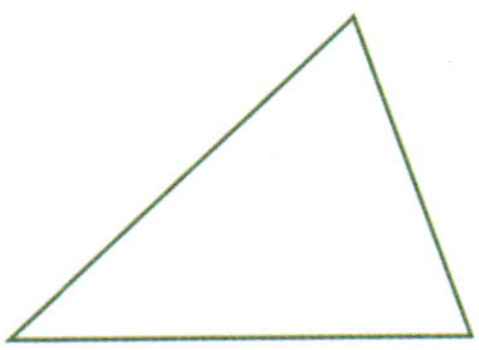

$45° + 89° + \gamma = 180°$ γ = ______

$\alpha = 23°$, $\beta = 120°$ γ = ______

3

2 **Setze in die Formel ein und berechne den Winkel.**

a) $\alpha = 180° - (\beta + \gamma)$

$\beta = 66°$ $\gamma = 102°$

α = ______ = ______

b) $\beta = 180° - (\alpha + \gamma)$

$\alpha = 25°$ $\gamma = 97°$

β = ______ = ______

2

3 **Wie groß sind die Winkel? Berechne und begründe deine Angaben.**

a) α = ______ ______

δ = ______ ______

ε = ______ ______

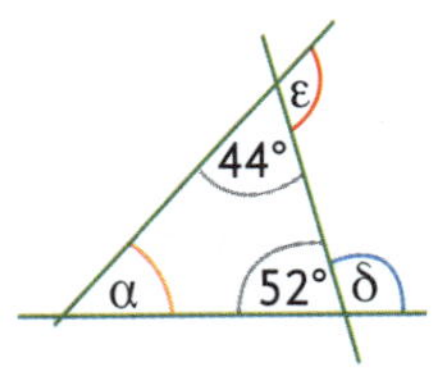

5

b) $\gamma = 37°$

$\alpha = 86°$

β = ______ ______

δ = ______ ______

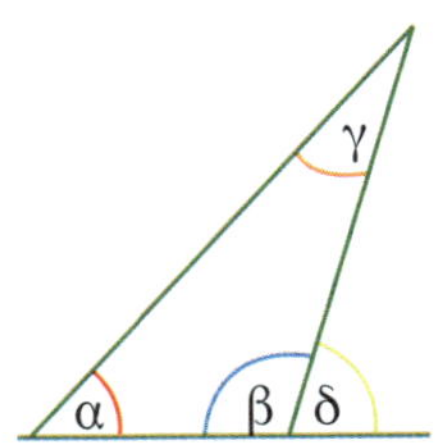

2

4 **Das Dreieck ABC ist gleichschenklig: $\overline{AC} = \overline{BC}$ und $\alpha = \beta$.**

a) Berechne den Winkel γ.

$\alpha = 62°$ $\gamma =$ ______

$\beta = 34°$ $\gamma =$ ______

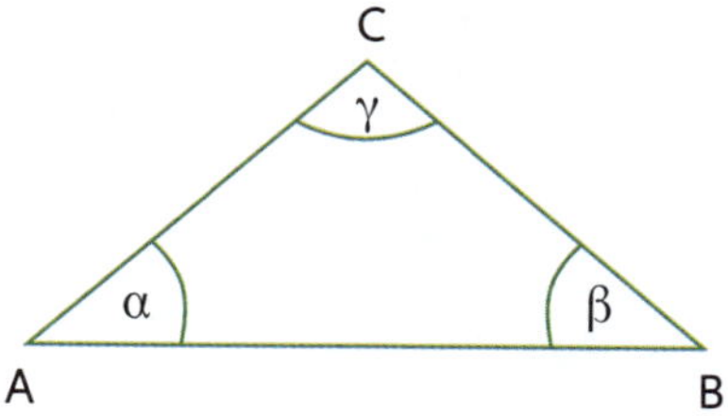

b) Warum gibt es hier kein Dreieck mit α oder $\beta = 100°$?

______ 3

5 **Die Geraden g und h sind parallel zueinander. Berechne die Winkel α und γ.**

$\gamma =$ ______

$\alpha =$ ______

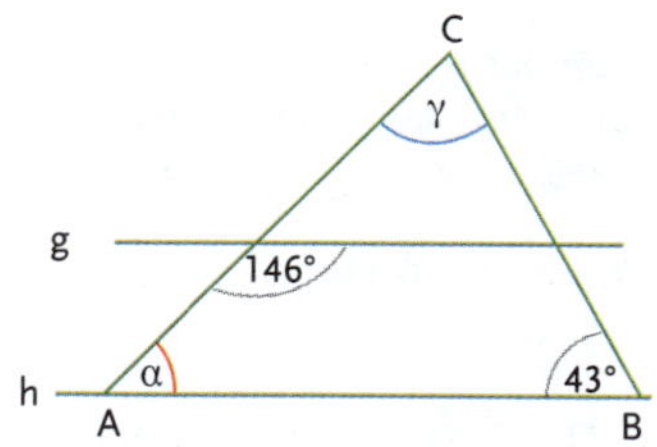

2

6 **Das Dreieck ABC ist gleichseitig. Die Geraden g und h sind parallel zueinander. Wie groß ist der Winkel δ? Berechne und begründe.**

$\delta =$ ______

Begründung: ______

______

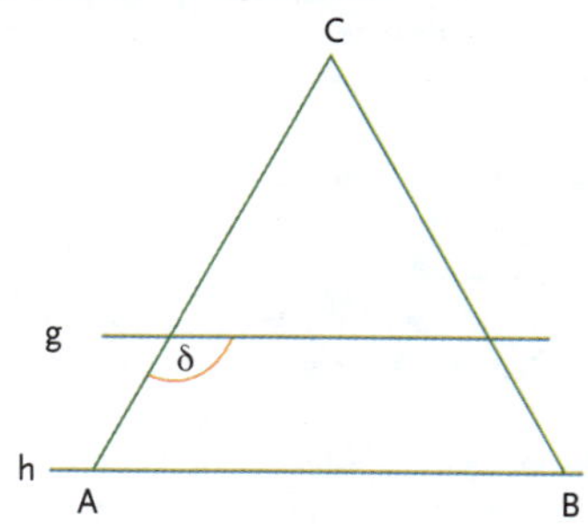

2

7 **Ein Dreieck ABC ist rechtwinklig mit $\gamma = 90°$. Berechne die Winkel.**

a) $\alpha = 42°$ $\beta =$ ____ b) $\alpha = 35°$ $\beta =$ ____ c) $\alpha = 11°$ $\beta =$ ____

d) Nenne die Formel zur Berechnung des Winkels α. $\alpha =$ ______ 4

23–19 Punkte | 18–13 Punkte | 12–0 Punkte | Gesamtpunktzahl

Autoren: Reiner Böttcher und Edmund Wallis.

www.cornelsen.de

Bibliografische Information:
Die Deutsche Bibliothek verzeichnet diese Publikation in der Deutschen Nationalbibliografie; detaillierte bibliografische Daten sind im Internet über http://dnb.ddb.de abrufbar.

Dieser Band folgt den Regeln der deutschen Rechtschreibung, die seit August 2006 gelten.

5. 4. 3. 2. 1. Die letzten Ziffern bezeichnen
13 12 11 10 09 Zahl und Jahr der Auflage.

Projektleitung: Annegret Hauser, Berlin
Redaktion: lüra – Klemt & Mues GbR, Wuppertal
Reihengestaltung: Magdalene Krumbeck, Wuppertal
Satz und Layout: Ludger Stallmeister, Wuppertal
Illustrationen: Dorina Teßmann, Berlin
Umschlagentwurf: Magdalene Krumbeck, Wuppertal
Druck und Bindearbeiten: Saaledruck Naumburg GmbH
Printed in Germany
ISBN 978-3-589-22814-0

Gedruckt auf säurefreiem Papier,
umweltschonend hergestellt aus chlorfrei gebleichten Faserstoffen.